短视频拍摄与剪辑

零基础一本通

千知影像学院　编著

人民邮电出版社
北京

图书在版编目（CIP）数据

短视频拍摄与剪辑零基础一本通 / 千知影像学院编著. -- 北京 : 人民邮电出版社, 2024.6
ISBN 978-7-115-63540-2

Ⅰ. ①短… Ⅱ. ①千… Ⅲ. ①视频制作—教材②视频编辑软件—教材 Ⅳ. ①TN94

中国国家版本馆CIP数据核字(2024)第016589号

内容提要

人人都可以拍摄短视频，但不代表人人都能够拍好，短视频是一种对创作者综合素质要求很高的视听艺术。

本书是针对短视频拍摄与剪辑的零基础教程，细致讲解了短视频的拍摄设备、提升表现力的技巧、视频景别、运动镜头等内容，最后分享了大量剪映App的视频剪辑实用技巧。

本书内容丰富，涵盖了短视频从拍摄到剪辑的内容，是一本不可多得的短视频创作教程，适合对短视频感兴趣的内容创作者，以及想要提升短视频质量、吸引更多粉丝关注的达人、博主阅读。

◆ 编　　著　千知影像学院
　责任编辑　胡　岩
　责任印制　周昇亮
◆ 人民邮电出版社出版发行　　北京市丰台区成寿寺路 11 号
　邮编　100164　　电子邮件　315@ptpress.com.cn
　网址　https://www.ptpress.com.cn
　北京九天鸿程印刷有限责任公司印刷
◆ 开本：880×1230　1/32
　印张：4.5　　　　2024 年 6 月第 1 版
　字数：191 千字　　2024 年 6 月北京第 1 次印刷

定价：39.80 元

读者服务热线：(010)81055296　印装质量热线：(010)81055316
反盗版热线：(010)81055315
广告经营许可证：京东市监广登字 20170147 号

本书主要讲解短视频基础知识，包含从拍摄到后期剪辑的常用方法技巧。

随着信息技术和影像技术的发展，短视频逐渐成为人们分享生活、商家带货营销的主要载体。短视频的拍摄并不难，掌握了拍摄设备的使用技法、提升视频表现力的关键技巧、景别与运镜等基础知识，相信读者可以很容易拍摄出还不错的短视频。如若想进一步完善自己的短视频作品，还可以通过一些视频后期剪辑软件提升作品质量。以剪映软件为代表的入门级视频剪辑与调色工具，已经能够满足绝大多数情况下视频处理的需求，而且剪映软件对新手来说是非常友好的，不仅操作便捷，而且还有强大的人工智能算法加成，能够帮助新手快速剪辑出自己满意的短视频作品。本书介绍了剪映软件的基础使用技巧，以及在剪映软件中进行短视频剪辑、调色、特效制作、音频与字幕添加等全方位的知识。

当然，要制作出精彩的短视频，并非能熟练剪辑软件就可以了，还需要创作者掌握一定的基础理论知识、提升艺术审美，这样才能使短视频更具吸引力和艺术性。此外，我们要提醒短视频创作者，在掌握了大量的理论知识及剪辑技巧之后，不能故步自封，还应该继续学习一些更为专业的短视频制作技巧，精进自己的技法，发挥创意与个性。

最后，祝愿广大读者可以通过本书学有所得，快速成长为能够创作出优质短视频的高手。

第1章

第2章

第1章

短视频的拍摄设备

在创作短视频的过程中，常见的拍摄设备有手机、相机、无人机等，还要有适用于这些拍摄设备的配件，例如三脚架、补光灯、稳定器等。本章主要介绍的就是短视频拍摄中用到的几种主流拍摄设备及配件，旨在通过介绍它们的功能和使用方法，帮助大家选择更适合自己的拍摄设备，拍出具有自己独特风格的短视频大片。

1.1 手机及其配件

如果你刚接触 Vlog，由于资金有限，想拍摄练手，对视频画质要求不高，不建议一上来就购买专业的 Vlog 相机。现在手机的录像功能非常丰富，完全能够满足拍摄短视频的需求。你只需要一部手机和一台稳定器，就可以开始制作 Vlog 了。最重要的是，手机无疑是拍摄短视频的较轻便的设备，可以让你走到哪拍到哪，随时随地记录每一个精彩瞬间。

或许有人会说，拍照还行，但自己没学过专业的视频拍摄，也不懂转场和配乐，更不会剪辑，根本拍不了好看的视频。其实，短视频拍摄并没有你想象得那么难。只要你的手机有录像功能，就够了。

有些酷炫的视频看起来很难拍摄，其实操作起来并不复杂。为了让大家能用手机随时随地拍出酷炫的短视频，接下来我们将分别介绍苹果手机和安卓手机的录像功能，以及其他配件的使用方法。

1.1.1 苹果手机

苹果是市面上主流的手机品牌之一，苹果手机的镜头具有色彩还原度高、光学防抖、夜景拍摄清晰、智能对焦、快速算法支持等特点。

以 iPhone 13 Pro 为例，其搭配了 4 个摄像头，分别是前置摄像头、长焦镜头、超广角镜头和广角镜头，前置摄像头 1200 万像素，后置镜头 1200 万像素，一部手机可满足多种环境下的拍摄需求。

长焦镜头、超广角镜头、广角镜头

打开相机，可以看到苹果手机的拍摄界面简单明了。选择“视频”，点击录制按钮即可开始视频的录制，再次点击录制按钮即可停止录制。“延时摄影”“慢动作”等功能也可以给短视频拍摄提供不同的画面风格和思路。

进入相机设置界面，可以设置录制视频的格式、分辨率和帧率，还可以开启 / 关闭录制立体声。

苹果手机的录像界面

苹果手机相机设置界面

1.1.2 安卓手机

市场上的安卓手机涵盖多种手机品牌，为了满足进阶玩家的视频需求，这些安卓手机品牌开发商争先恐后地开发出了更为全面的录像功能。

以荣耀 70 为例，其前后共搭配 4 个摄像头，后置摄像头为 5400 万像素视频主摄 +5000 万像素超广角微距主摄 +200 万像素景深摄像头，前置摄像头为 3200 万像素 AI 超感知主摄，支持手势隔空换镜。双镜设计，自带主角光环。

荣耀 70 系统自带的视频功能较苹果手机更为丰富多样。除了常规的录像功能之外，该手机还提供了多镜录像功能以及慢动作、延时摄影、主角模式和微电影功能，极大程度地丰富了拍摄手法的多样性。

荣耀 70

录像界面

设置界面

使用多镜录像功能可以双屏录制视频，并且可以随时在前 / 后、后 / 后、画中画等镜头之间切换。

荣耀手机的多镜录像（画中画）界面

多镜录像功能的镜头切换

Vlog 主角模式可同时输出两路视频画面，包括主角画面和全景画面，全景的美好、局部的精彩，一录双得，不留遗憾。两路视频画面都支持 1080P 高清、美颜效果。

Vlog 主角模式界面

进入相机的设置界面，同样可以设置视频的格式、分辨率和帧率，还可以开启 / 关闭隔空换镜。

拍摄设置界面

1.1.3 蓝牙遥控器

尽管大多数手机都自带手势拍照、声控拍照、定时拍摄功能，但有时也会因为拍摄者与手机距离太远导致拍摄失败。在这种情况下，蓝牙遥控器就能够方便我们自拍视频。只需将蓝牙遥控器和手机连接，在支持的距离范围内按下蓝牙遥控器上的快门，就能够开始视频的录制了。

这种远距离控制手机进行视频拍摄的方法，适用于无人帮忙、空间狭窄等场景，让短视频拍摄更加轻松、自如。

蓝牙遥控器

1.1.4 手机三脚架

拍摄固定镜头时，手持的效果不够稳定，需要防抖设备的辅助，手机三脚架就能起到固定手机的作用。市面上常见的手机三脚架有以下几种类型：桌面三脚架、八爪鱼三脚架、专业三脚架等。

桌面三脚架具有尺寸小、稳定性可靠的优势，材质有金属、碳纤维和塑料等。桌面三脚架多用于辅助拍摄室内场景。

八爪鱼三脚架的尺寸较小，此类三脚架的脚管是具有柔性的，可以弯曲绑在栏杆等物体上，使用比较方便。但相较于桌面三脚架来说，八爪鱼三脚架的稳定性有所欠缺。

专业三脚架具备伸缩脚架、云台、手柄等部件，脚架高度可随意调节，支持 360° 全向旋转，多用于辅助拍摄室外场景。

桌面三脚架

八爪鱼三脚架

专业三脚架

购买手机三脚架时需要注意支架高度、承重度和防抖性能。

支架高度：在购买手机三脚架时，要根据自己的需求和摄影对象来考虑合适高度的手机三脚架。例如，在拍摄风景、人等对象的时候，就需要选择高一些的手机三脚架；而桌面拍摄一些讲解类的短视频时，矮一些的桌面三脚架则会成为首选。

承重度：承重度越大，手机三脚架越稳定。一般来说，金属材质的手机三脚架承重度会大一些，但这类金属材质的手机三脚架往往要昂贵一些，而塑料材质的手机三脚架则便宜很多。

防抖性能：从某种意义上说，手机三脚架的防抖性能与承重度是成正相关的，承重度越大的手机三脚架的稳定性越高。对于拍摄单独的照片来说，稳定性可能没那么重要，但对于拍摄视频来说，防抖性能越好的手机三脚架越值得购买，当然，价格也会越高。

不要以为只要有手机三脚架就可以固定手机了。实际上，在手机与手机三脚架之间还需要几个小附件进行连接：一个是快装板，先安装在手机三脚架上，再去连接手机夹；还有一个是手机夹，用于夹住手机。

快装板

手机夹

手机稳定器

1.1.5 手机稳定器

一个大疆的四代或者五代的手机稳定器，就足够辅助完成一条视频的拍摄了。一部手机和一台手机稳定器足够轻巧，可以直接放入包里，到哪里都可以立刻开始记录。手机稳定器能够帮助我们在拍摄视频的过程中消除手机的抖动，使拍摄出来的视频画面更加稳定。

手机稳定器具有多种功能，以 DJI OM 5 为例，它采取磁吸式固定手机的方式，用户可轻松将手机拆卸安装于稳定器上。三轴增稳云台设计让拍摄画面更加防抖，即便在运动场景中画面也能保持稳定。内置延长杆可延长至 21.5cm，将自拍杆和稳定器进行了融合。

拍摄指导功能（需下载配套 App）可以智能识别场景，推荐适合的拍摄手法及教学视频，帮助用户轻松出大片；也能根据所拍素材智能推荐一键成片，让记录、剪辑、成片一气呵成。

拍摄指导功能截图

智能跟随模式（需下载配套 App）可智能识别选定人物、萌宠，使被摄主体始终位于视频画面居中的位置，让人物或萌宠在运动过程中也可始终处于画面中间。

智能跟随模式拍摄画面

此外，DJI OM 5 还具备全景拍摄、动态变焦、延时摄影、旋转拍摄、Story 拍摄等辅助模式，让素材的拍摄更加轻松。

1.1.6 补光灯

补光灯小巧、便携，补光效果柔和均匀。在拍摄短视频时，可以使用这种非常简单、性价比高的灯具。一般来说，补光灯可以让拍摄出来的人物皮肤更显白皙。

补光灯

1.2 相机及其配件

拍摄短视频常用的相机主要有运动相机、口袋相机和专业相机，除此以外还会配备相机三脚架和相机稳定器等，下面我们详细讲解不同拍摄器材的基本信息。

1.2.1 运动相机

运动相机是紧凑型摄影录像一体机，易于使用、坚固耐用，具备防水、防尘、光学防抖功能。使用运动相机既可拍摄第一人称的运动画面视角，也可拍摄视频和静止图像。运动相机体积小、重量轻，更适合拍摄跳伞、滑板、骑行、跑步、游泳、潜水等运动场景。运动相机拥有丰富的配件群，可根据不同场景搭配不同种类的配件。运动相机可以安装在传统相机和智能手机无法安装的地

运动相机

方，比如车顶、头盔、领口、背包处，甚至宠物身上，获得全新角度的视频影像资料和观感体验。

运动相机的优势在于，其特殊的取景方式会给画面带来更多的冲击力和新奇感，方便录制沙漠、水底等场景的视频。不足之处就是弱光下拍摄质量会下降，拍摄出来的视频会噪点“爆炸”，使用场景特点明显，受限也较为明显，电池续航时间不长且无法使用外置电源。

使用运动相机在水下拍摄

以 GoPro 为例，作为一款运动相机，它有着强大的防抖功能，用它来拍摄运动题材和旅游题材的视频再合适不过了。比如边走边播这种形式的旅游类 Vlog，就可以用 GoPro 来拍，GoPro 的体积小，不太会吸引路人的注意。GoPro 广角镜头的拍摄范围够广，自拍时能录到身后的环境。GoPro 可使用转接头，也能外接麦克风。

GoPro HERO10 Black

1.2.2 口袋相机

口袋相机具有三轴的机械云台，增稳效果较好，并且可以控制移动相机的角度，带有智能跟随功能，更适合拍摄人物、景物、美食、生活类题材的视频。如果想挑选一款轻巧、功能强大的拍摄设备，但不想在设备上投入过多，可以选择用口袋相机进行拍摄。

以大疆 DJI Pocket 2 为例，它能拍摄 6400 万像素照片和 4K 60 帧视频。具有小巧的三轴云台，稳定性能很好，平时可放在背包里面，想要拍摄的时候就拿出来，一点都不累赘。DJI Pocket 2 背面有一个小屏幕，用户自拍时能从中看到自己。DJI Pocket 2 完全能作为一部很好的视频拍摄设备。

口袋相机

1.2.3 专业相机

如果你想制作比较专业的短视频，对画质有比较高的要求，可以选择专业相机作为拍摄设备。专业相机具有更强的续航能力，且能应对更多的极端环境，稳定可靠。缺点则是其结构复杂且内部装置较多，因此其体积较大，重量也比较大，一般都需配备专门的相机包、三脚架、防潮箱等配件。

你可以根据自己的预算来选择合适的相机。

如果你是美食、美妆类视频博主，希望设备操作简单，拍摄人像漂亮，可

专业相机

以考虑佳能 G7X Mark II。很多 Vlog 博主都在使用这款相机，它带有美颜功能，有翻转屏，方便自拍。缺点是没有麦克风接口，收声对拍摄环境要求较高，另外电池续航能力比较弱。

如果你对画质有一定要求，并且有一定的剪辑能力，可以考虑专为拍摄 Vlog 设计的索尼 ZV-1。它非常轻巧，能够拍摄 4K HDR、s-log3 等专业格式的视频，内置立体声收音麦克风，也有侧翻屏，对焦强大稳定。值得一提的是，这台机器有产品展示功能，当有需要展示的物体靠近相机时，其能够迅速自动对焦到物体上，非常适合有产品推荐需求的博主。

如果以上设备都不能满足你的需求，你还需要相机有更强大的虚化效果以及 4K、防抖、对焦、高感等功能，那么可以考虑价格更高的其他机型，比如索尼 A7M3、A7M4、A7R3、A7R4 等。

当然，除了对相机的投入，还需要配置镜头、稳定器、收音麦克风、滑轨、云台、剪辑计算机等，同时要有很强的后期剪辑能力。如果以上这些都具备了，那么马上开始你的创作吧，阻碍你的恐怕只有拍摄的创意了。

摄影创意图

1.2.4　相机三脚架

相机三脚架的功能和手机三脚架类似，主要起固定增稳的作用。较常见的相机三脚架材质是铝合金和碳纤维。铝合金三脚架重量轻、十分坚固；碳纤维三脚架则有更好的韧性，重量也更轻。

相机三脚架最大脚管管径通常为32mm、28mm、25mm、22mm等。一般来讲，管径越大，相机三脚架的承重越大，稳定性越强。选择相机三脚架的一个要素就是稳定性。在材质、长短合适的前提下，许多职业摄影师会在相机三脚架上吊挂重物，通过增加重量和降低重心的方法来获得更好的稳定性。

相机三脚架

1.2.5 相机稳定器

手持相机拍摄视频时，由于手抖和人走路时的颠簸，画面会非常不稳定，让人看了头晕。为了拍摄画面的稳定性，我们通常需要借助外界设备来稳定相机，比如安装相机稳定器。

在相机稳定器领域，除了常见的大疆品牌以外，另一国产品牌智云的表现也令人惊喜。作为目前相机稳定器领域的龙头企业，大疆和智云基本能够让消费者享受到出色的稳定体验。

相机稳定器

下面以智云云鹤 2S 为例，介绍相机稳定器的使用方法和主要功能。

智云云鹤 2S

首先，将相机安装在相机稳定器上，手持相机稳定器，这样相机拍摄的画面就非常稳定了。

在将镜头推近和拉远的时候，我们同样手持相机稳定器，保证画面稳定不晃动。

在侧面跟拍的时候，我们要注意手持相机稳定器的方向和迈步的频率，避免画面的突然晃动。

在跑步跟拍的时候，即使有相机稳定器的加持，画面也很难保持足够的稳定，这个时候我们需要保证自身平衡，避免出现大幅度晃动。

环绕拍摄时，我们只需单手持相机稳定器即可。

还有一个技巧就是在推近拉远镜头的过程中，同时旋转相机稳定器，使画面具有天旋地转的感觉。

智云云鹤 2S 还提供了很多进阶玩法，例如巨幕摄影、定点延时、移动延时、长曝光动态延时等，在普通拍摄的基础上加上这些进阶玩法，想拍摄出绝妙大片绝非难事。

巨幕摄影

定点延时

长曝光动态延时

1.2.6　柔光板

柔光板的主要作用是柔化光线，在不改变拍摄距离和背景的情况下，阻隔主光源和被拍摄物体间的强光，有效减弱光线。

柔光板

1.2.7　反光板

用灯具为场景或物体补光，有时会让人感觉光线较硬，拍出来的画面不够柔和。这时可以使用反光板，将灯光打在反光板上，借助反光板的反光进行补光，画面的光效即可变柔和。反光板有白色、银色、金色等，借助不同颜色的反光板可以营造出不同色调的反光。

反光板

1.2.8　摄影灯

可调节式摄影灯是短视频拍摄中常见的一种灯具。在影棚内拍摄短视频时，可以考虑使用这种灯具。这种摄影灯可以调出冷光、暖光、柔光等。不同功能的摄影灯价格也不一样。大家可以根据自己的摄影需求去选择不同的摄影灯。

摄影灯

除了摄影灯外，一般的 LED 灯、

补光灯、手电筒、道具灯等都可以作为补光灯具使用，只要搭配合理，也能营造出很好的画面效果。

补光棒、柔光伞等道具

1.3 无人机

近年来，随着无人机技术的成熟，航拍也逐渐走入大众视野。目前无人机搭载的镜头性能强大，成像效果不亚于相机。以大疆 Mavic 3 为例，该无人机采用哈苏镜头，搭配广角镜头和长焦镜头，支持 4K 画质拍摄。相机云台自带三轴稳定器，为减少抖动提供了有力的支持和保障，同时还具备一键成片、智能跟随、大师镜头、全景拍摄、延时拍摄等辅助功能，可通过系统预设内容自动完成拍摄，方便新手快速掌握拍摄技巧和方法。

无人机

无人机的优势是可在相机达不到的高度进行拍摄，缺点在于无人机操控技术需学习，飞行的安全法规也需掌握。

航拍视频画面 1

航拍视频画面 2

航拍视频画面 3

第2章

提升视频表现力的5个关键点

除内容、结构等要素之外，视频画面自身的表现力，包括视频的播放速度、流畅度、画面明暗等画质因素也是我们评判视频品质的重要标准。本章我们将介绍如何提升视频表现力。

2.1 如何保证画面的速度与稳定性

如果镜头的运动速度比较快，那么最终的视频画面切换速度也会比较快，给观者留下的反应时间会比较短，导致观者无法看清画面中的内容，画面给人的观感就不够理想。所以通常来说，镜头运动的速度不宜过快，要让每一帧画面都足够清晰，这样才能更好地表现画面内容。

从下面两幅图中可以看到，如果镜头运动速度太快，画面可能是模糊的；而如果镜头运动速度慢一些，截取的画面就足够清晰。

镜头运动过快的画面

镜头运动速度适中的画面

拍摄运动镜头，身体的重心会随着脚的移动而进行前后或左右变化，这就会导致视频画面产生抖动，画面不够平稳。要拍摄非常稳定的视频画面，通常我们要确保身体不要有过大的运动幅度，并且要保持手部的稳定性。

从以下视频截图来看，画面在短时间内出现了较大的位移，这是一种非常明显的抖动，给人的观感也不会好。

抖动幅度过大的视频画面 1

抖动幅度过大的视频画面 2

为了获得较好的视频效果，我们往往需要使用一些稳定设备来得到平滑过渡的视频。手机稳定器、相机稳定器或相机“兔笼”等稳定设备，都能够帮助我们有效提升画面的稳定性。

手机稳定器

相机“兔笼”

装好“兔笼”的单反相机

2.2 提升画面质感的关键——Log与LUT

在拍摄一些光线比较强烈的场景时，太阳周边或光源周边亮度非常高，但是阴影区域亮度又非常低，这属于反差比较大的情况。这时，拍摄器材有可能无法同时还原出亮部和暗部的所有细节，画面往往会出现高光过曝或者暗部死黑的问题。针对这种情况，比较专业的数码单反相机、摄像机，甚至比较高端的手机都具备的 Log 模式可以解决。

所谓 Log 模式，就是在器材之内，降低亮部的曝光值，提高暗部的曝光值，尽最大可能保留所拍摄场景的更多信息，然后在后期进行调色时提亮亮部、压暗暗部，恢复画面的反差，并且保留高光和暗部的细节。

在剪映软件中，我们也可以看到 Log 色轮这样的功能，主要就是用于对一些素材片段进行调色。

如果使用 Log 模式拍摄，我们可以看到拍出的视频画面是灰蒙蒙的，对比度非常低，但是亮部和暗部的细节都保留了下来。在调色软件中对视频进行调色，就可以恢复所拍摄场景的明暗与色彩，让画面变得非常漂亮。

采用 Log 模式拍摄的细节丰富的画面，可以看到画面是灰蒙蒙的

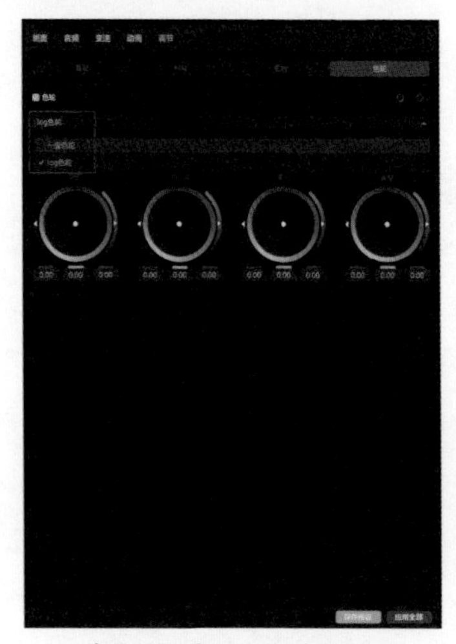

剪映软件中的 Log 色轮功能

色彩还原后的视频画面

在视频调色领域，还有一个概念——LUT，是 Look Up Table（颜色查找表）的缩写。它的功能在于改变画面的曝光与色彩。

通过对 Log 视频进行调色，可以得到细节丰富、色彩鲜艳的视频画面，这实际上是一种校准色彩的功能。而 LUT 调色，则是一种风格化调色的过程，也就是说我们可以根据自己的理解或需求，将视频调整为某些特殊的色调。比如，我们可以将视频调整为青橙色调、复古色调等。

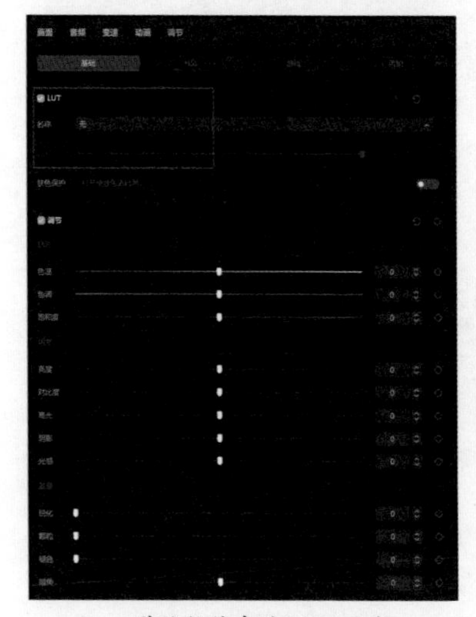

剪映软件中的 LUT 功能

套用复古 LUT 后的视频画面

2.3 掌握好用的视频剪辑软件

对于一般爱好者来说，日常的剪辑可以通过手机版剪映软件来进行处理，还可以借助性能更高、兼顾专业剪辑与人工智能算法的计算机版剪映软件来处理。而如果需要进行非常专业的视频处理，则可以考虑使用 Premiere（简称 Pr）和 Final Cut Pro（简称 FCP）。

2.3.1 专业视频剪辑软件

Premiere

Pr 是视频编辑爱好者和专业人士必不可少的视频编辑软件，具有易学、高效、精确的特点，可提供视频采集、剪辑、调色、音频美化、字幕添加、输出等非常强大的功能，并和其他 Adobe 软件高效集成，使用户足以应对在视频后期制作工作中遇到的所有挑战，满足创建高质量作品的要求。

Pr 的剪辑界面

一般的短视频创作者可能更多工作会在手机 App 上完成，但实际上如果要进行更专业的调色和效果制作，运用 Pr 无疑会有更好的效果。

Pr 的调色界面

Final Cut Pro

如果说 Pr 是 Windows 操作系统下能够兼顾视频创作专业人士与短视频创作业余爱好者的利器，那么 FCP 则是苹果操作系统下理想的视频剪辑软件。

FCP 是苹果公司开发的一款专业视频非线性编辑软件，包含进行后期制作所需的大量功能，既可导入并组织媒体（图片与视频等），又可以对媒体进行编辑、添加效果、改善音效、颜色分级优化等处理。

FCP 的剪辑界面

FCP 的调色界面

2.3.2 与众不同的剪映软件

对于一些要求不是很高的短视频创作场景，我们可以对拍摄好的素材直接在手机内借助免费软件进行非常好的剪辑和特效处理。

剪映软件是当前比较流行、功能也比较强大的短视频剪辑和特效制作工具，是抖音旗下的免费软件。除能够完成正常的音频、视频、字幕处理外，剪映软件还可以借助强大的人工智能算法，帮助短视频创作者进行短视频的快速成片及卡点、贴纸等制作，并可以快速、高效地输出高品质短视频。

如果不习惯在手机上剪辑视频，或是对视频细节要求比较高，而又不会使用 Pr 及 FCP 等专业软件，那么计算机版剪映软件则是较好的选择。计算机版剪映软件与手机版剪映软件一脉相承，绝大多数功能基本相同，但计算机版剪映软件可使用户在更直观的界面中进行视频处理，并且计算机版剪映软件集成了大量的人工智能算法，可以快速帮用户获得更好的视频剪辑效果。

手机版剪映软件主界面　　手机版剪映软件剪辑界面　　手机版剪映软件一键成片界面

计算机版剪映软件界面

2.4 视频特效制作与调色软件

针对专业级视频剪辑，我们可以使用 Pr 与 FCP 等软件，而对于专业级视频特效制作，则可以使用 Adobe 公司的 After Effects（简称 AE）。AE 是一款可以进行分图层工作的影视后期软件，是影视后期合成处理的专业级非线性编辑软件。该软件在影像合成、动画制作、非线性编辑、设计动画等领域都有很强的性能，并且可以与其他主流 3D 软件（如 Maya、Cinema 4D、3ds Max 等）很好地衔接。

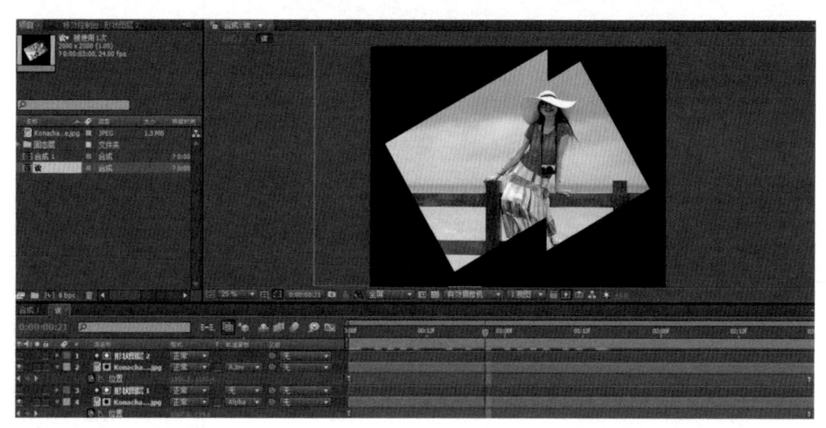

AE 工作界面

如果要进行非常专业的视频调色，则可以使用 DaVinci Resolve Studio（达芬奇）。它是一款集剪辑、调色功能于一身的软件。它的剪辑功能不如 Pr、FCP 等专业的剪辑软件强大，但在调色方面，达芬奇的功能则十分强大。在视频的拍摄创作中，我们不能完全控制光线、布光等因素，所以拍出来的画面难免会有光影不一、色调不同的现象。这些问题就可以在达芬奇中通过后期调色去解决。

最后，介绍一款普及度非常高，但在影视后期中又比较另类的软件——Photoshop（简称 PS）。众所周知 PS 是一款平面后期软件，但实际上这款软件也具有简单的视频剪辑、调色功能。借助 PS 自身强大的蒙版、调整图层功能，我们可以对视频进行一些简单的局部影调与调色处理。

达芬奇工作界面

在 PS 的时间轴中可以对视频进行剪辑，可以借助调整图层对视频进行调色

2.5 延时视频与慢动作

在一般视频中穿插延时视频与视频慢动作，可提升视频的表现力，并渲染特定的情绪氛围。本节将讲解延时视频的拍摄方法与慢动作的拍摄方法。

2.5.1 延时视频

延时视频是一种将时间压缩的拍摄技术。用户拍摄的通常是一组照片或视频，后期通过将照片串联或视频抽频，把长达几分钟、几小时甚至几天的过程压缩在一个较短的时间内以视频的方式播放。延时视频通常应用在拍摄城市风光、自然风景、天文现象、城市生活、建筑制造、生物演变等题材上。

譬如从日落前 2 小时到日落后 1 小时，一直拍摄 3 小时。每分钟拍摄一张照片，以顺序记录太阳运动的微变，共计拍摄 180 张照片，再将这些照片串联合成视频，按正常频率（每秒 24 帧）放映，在几秒钟之内，就可以展现日落的全过程。

拍摄延时视频的器材主要有单反相机、无反相机或无人机。拍摄方法也很简单，以单反相机为例，需要同等时间间隔拍摄一系列照片，不能用手按快门，避免造成画面抖动。如果相机不具备间隔拍摄功能，就需要外接一根快门线，同时还需要准备一个稳定的拍摄平台，比如三脚架。拍摄过程中的任何晃动都会造成后期视频画面的晃动。

在拍摄过程中需要注意以下事项。

1. 镜头前尽量不要出现行人或动物，否则会影响整体画面美感。

2. 在刮风等天气下需注意三脚架的稳定，如画面抖动或器材倾斜会导致前功尽弃。

3. 在高温或极寒条件下需注意器材的降温或保暖，避免器材在拍摄过程中自动关机。

4. 延时拍摄一般时间较久，应携带充足的外接电源以保证电量。

使用间隔拍摄功能连续拍摄多张日出的照片，再通过后期把这些照片串联起来，合成一段延时视频，即可呈现出让人惊叹的震撼效果，如下页图所示。

延时视频画面 1

延时视频画面 2

2.5.2 慢动作

慢动作是指画面的播放速度比常规播放速度更慢的视频画面。慢动作视频的每秒帧数比常规速度视频更高，即在每秒内播放的画面更多，呈现出来的细节更加丰富。

目前大多数手机都具有慢动作拍摄模式，可拍出具有慢动作效果的画面。慢动作视频画面的播放速度较慢，视频帧数可达到 120fps，画面看起来也更为流畅，这被称为升格。

慢动作视频主要应用在动作特写、运动、风吹、水流等题材上。拍摄慢动作视频时需保持设备的稳定，可借助三脚架、稳定器等设备。拍摄慢动作视频时，对环境光的需求较高，需要有足够的进光量来保证画面质量，在较为阴暗的环境拍摄慢动作视频，画面会模糊不清。

如下图所示，使用慢动作拍摄技巧对人物进行慢动作拍摄，对人物的五官和动作进行特写，运用慢于物体变化的常规速度来展现眼睛缓慢睁开的美感。

慢动作视频画面 1

慢动作视频画面 2

第3章

短视频创作景别与运镜

随着短视频质量的逐步提升，拍摄过程中的美学理论应用也越来越被短视频博主所重视，现已成为短视频创作的新趋势。

电影的灵魂是剧本性。因为电影从传统舞台戏剧发展而来，所以故事片占电影的绝大多数。一类故事片是简单概括事实，另一类是编造事实。戏剧化的冲突越丰富，故事片的剧本编织越大，视觉上的刺激越强烈。而短视频虽然包括了视觉故事，但远不止故事。很多优秀的短视频作品在美学上的共同特征其实是非剧本性。剧情不是关键，运用景别、构图、光影、色彩等拍摄手法让事实、情绪等看不见的东西显现在镜头之下，才是短视频美学的关键。

因此，本章主要介绍了短视频景别、构图方法、对比手法、光线和色彩的运用等，以期对短视频创作提供一种新思路。

3.1 认识五大景别

视频的景别包括远景、全景、中景、近景和特写 5 种。掌握景别可以更好地描述视频的画面内容和情感色彩。

3.1.1 远景

远景是指通过拍摄大景别来描绘当下的摄影环境。远景的主要特点是讲述故事或者作品正在发生的环境情况。远景的作用在于凸显气势、渲染气氛、抒发情感，主要用来表达某种意境，而不在于细节的刻画，所以在远景中，人物或建筑等元素只是点缀。

远景视频画面效果

3.1.2 全景

全景多用来描绘人物和物体的形态，在视频中用于表现人与人、人与物、人与环境之间的相互关系。在描写人物形态时，会将人物全身放入镜头范围内，包括人物的肢体动作、着装打扮、身处环境等。在描写物体时，整个物体的形态，都要包含在其中。全景和远景常出现在电影或者电视剧等影视作品的片头或者结尾，主要起到交代环境的作用，又称交代镜头。

全景视频画面效果

3.1.3 中景

中景视频画面效果

中景一般是指镜头中某个场景的局部画面。中景和全景相比，包含的环境范围稍小，视距又比近景稍远。以人物为例，中景的取景在人物膝盖以上部分。中景的运用，不但可以加深画面的纵深感，表现出一定的环境、气氛，还能通过镜头的组接，把某段冲突的情节叙述得通顺，因此常用于叙述剧情。

3.1.4 近景

近景是表现人物胸部以上或者景物局部面貌的画面。近景常被用来细致地表现人物的面部神态和情绪，因此，近景是将人物或其他被摄主体推向观众眼前的一种景别。近景中人物的取景会在胸部上下的位置。近景的画面表达相较远景、全景、中景更加简洁，能让观众产生与景物的接近感，突出描写特点，给观众留下深刻印象。

近景视频画面效果

3.1.5 特写

特写是拍摄人物的面部和其他被摄主体的局部的镜头，对五官、眼神、动作、细节等进行特别描写。在拍摄物体时，特写中几乎不考虑背景要素，画面聚焦在某个特定的位置，起到强调细节或局部的作用。特写镜头能表现人物细微的情绪变化，揭示人物心灵瞬间的动向，使观众在视觉和心理上受到强烈的感染。

特写视频画面效果

3.2 运动镜头

运动镜头，实际上是指运动摄像，就是通过推、拉、摇、移、跟等手段所拍摄的镜头。运动镜头可通过改变手机（摄像机）的机位来拍摄，也可通过变化镜头的焦距来拍摄。

通过运动镜头，画面能产生多变的景别、角度，形成多变的画面结构和视觉效果，更具艺术性。运动镜头会产生丰富多彩的画面效果，可使观众产生身临其境的视觉和心理感受。

一般来说，长视频中运动镜头不宜过多，但短视频中运动镜头适当多一些画面效果会更好。

3.2.1 推镜头：营造不同的画面氛围与节奏

推镜头是将摄像设备向被摄主体方向推近，或变动镜头焦距使画面框架由远而近向被摄主体不断推近的拍摄方法。

随着镜头的不断推近，由较大景别不断向较小景别变化，最后固定在被摄主体上，这种变化是一个连续的递进过程。

推近的速度，要与画面的气氛、节奏相协调。推近速度慢，给人以抒情、安静、平和等感受，推近速度快则可用于表现紧张不安、愤慨、触目惊心等情绪。

推镜头案例如下所示，镜头的中心位置是一座城堡，将镜头不断向前推近，使城堡在画面中的占比逐渐变大，使景别产生由大到小的变化。

推镜头画面 1

推镜头画面 2

推镜头画面 3

3.2.2 拉镜头：让观众恍然大悟

拉镜头正好与推镜头相反，是摄像设备逐渐远离被摄主体的拍摄方法，当然也可通过变动焦距，使画面由近而远变化。

拉镜头可真实地向观众交代被摄主体所处的环境及其与环境的关系。在镜头拉开前，环境是个未知因素，镜头拉开后可能会给观众以“原来如此”的感觉。

拉镜头常用于故事的结尾，随着被摄主体、渐渐远去、缩小，其周围空间不断扩大，画面逐渐扩展为广阔的原野、浩瀚的大海或莽莽的森林，给人以“结束”的感受，赋予视频抒情性的结尾。

运用拉镜头，特别要注意提前观察大的环境，并预判视角，避免最终视觉效果不够理想。

拉镜头画面 1

拉镜头画面 2

拉镜头画面 3

3.2.3　摇镜头：替代拍摄者视线

摇镜头是指机位固定不动，通过改变镜头朝向来呈现场景中的不同对象，就如同某个人进屋后眼睛扫过屋内的其他人员。实际上，摇镜头所起到的作用，就是在一定程度上代表拍摄者的视线。

摇镜头多用于在狭窄或超开阔的场景内快速呈现周边环境。比如人物进入房间内，通过摇镜头快速表现屋内的布局或人物；又如拍摄群山、草原、沙漠、海洋等宽广的景物时，通过摇镜头快速呈现所有景物。

摇镜头的使用，一定要注意拍摄过程的稳定性，否则画面的晃动感会破坏原有的效果。

摇镜头画面 1（由下至上）

摇镜头画面 2（由下至上）

3.2.4 移镜头：符合人眼视觉习惯的镜头

移镜头是指拍摄者沿着一定的路线运动来完成拍摄。比如，汽车行驶过程中，车内的拍摄者手持手机向外拍摄，随着汽车的移动，画面也是不断改变的，这就是移镜头。

移镜头是一种符合人眼视觉习惯的拍摄方法，可以使所有的拍摄对象都能平等地在画面中得到展示，还可以使静止的拍摄对象“运动”起来。

由于需要在运动中拍摄，所以机位的稳定性是非常重要的。在影视作品的拍摄中，一般要使用滑轨来辅助完成移镜头的拍摄。

使用移镜头时，建议适当多取一些前景，这些靠近机位的前景会显得镜头运动速度更快，强调镜头的动感。还可以让拍摄对象与机位进行反向移动，从而强调速度感。

案例 1

移镜头画面 1

移镜头画面 2

移镜头画面 3

案例 2

移镜头画面 1

移镜头画面 2

移镜头画面 3

3.2.5 跟镜头：增强现场感

跟镜头是指机位跟随被摄主体运动，且与被摄主体保持等距离的拍摄。运用跟镜头可得到被摄主体不变，但景物却不断变化的效果，仿佛跟在被摄主体后面，从而增强画面的现场感。

跟镜头具有很好的纪实意义，对人物、事件、场面的跟随记录会让画面显得非常真实，在纪录类题材的视频中较为常见。

跟镜头画面 1

跟镜头画面 2

跟镜头画面 3

3.2.6 升降镜头：营造戏剧性效果

拍摄者在面对被摄主体时，进行上下方向的运动所进行的拍摄，称为升降镜头。升降镜头可以实现以多个视点表现主体或场景。

运用升降镜头时合理把握速度和节奏，可以让画面呈现出戏剧性效果，或是强调主体的某些特质，比如可能会让人感觉被摄主体特别高大等。

降镜头画面 1

降镜头画面 2

降镜头画面 3

升镜头画面 1

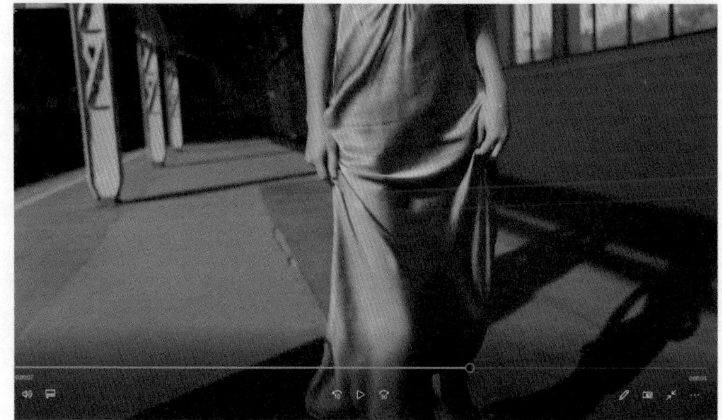

升镜头画面 2

升镜头画面 3

3.3 组合运动镜头

所谓组合运动镜头，是指在实际拍摄中，将多种不同的运镜方式组合起来使用，呈现在一个镜头当中，最终实现某些特殊的或是非常连贯的视觉效果和心理感受。一般来说，比较常见的组合运动镜头有跟镜头与升镜头，推镜头、移镜头与拉镜头，跟镜头、移镜头与推镜头等。当然，只要我们展开想象，还有更多的运镜方式可以组合在一起，呈现在一个镜头中。

下面，我们通过三种运镜方式，介绍组合运镜的实现方式与呈现的画面效果。

3.3.1 跟镜头与升镜头

首先来看第一种，跟镜头与升镜头。一般来说，以较低视角来跟踪拍摄，画面效果更理想。如果我们在运用跟镜头的同时，缓慢地将镜头升到近似人眼的高度，则可以以主观镜头的方式呈现出人眼所看到的效果，给观者一种与画面中人物相同视角的心理暗示，增强画面的现场感。

来看具体的画面，开始是跟镜头，拍摄者位于人物的后方；在运用跟镜头的过程当中，机位不断升高，达到人眼的大致高度，之后结束升镜头，继续进行跟镜头拍摄，这样就可以将人物所看到的画面与观者所看到的画面大致重合起来，增强现场感。

跟镜头画面

跟镜头的同时进行升镜头 1

跟镜头的同时进行升镜头 2

升镜头结束后继续跟镜头拍摄

3.3.2 推镜头、移镜头与拉镜头

再来看第二种组合运镜，这种组合运镜在航拍中被称为甩尾运镜。其操作其实非常简单，确定目标对象之后，由远及近推近，先是推镜头到达足够近的位置，之后进行移镜头操作，将镜头移动一个角度之后迅速拉远，这样一推、一移、一拉，从而形成一个甩尾的动作，整个组合运镜下来，画面效果显得非常有动感。

这里要注意，在中间位置移镜头，镜头的移动速度要均匀一些，不要忽快忽慢，和目标对象的距离也不要忽远忽近，否则画面就会显得不够流畅。

推镜头画面 1

推镜头画面 2

移镜头画面 1

移镜头画面 2

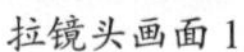

拉镜头画面 1　　拉镜头画面 2

3.3.3 跟镜头、移镜头与推镜头

再来看第三种，先是跟镜头，然后移镜头，最后推镜头。这种运镜方式可以呈现出多种角度的目标对象，包括正面、侧面、背面等，最终定位到人眼所看到的画面，即以一个非常主观的镜头结束，由人物带领观者观看他看到的画面，给观者更好的现场感。

看具体画面，首先，拍摄者不断后退，相对于人物来说，是一种跟镜头的拍摄；待人物扶住栏杆之后，拍摄者适当后退，然后移动自身及镜头，与人物所看的方向保持一致；推镜头拍摄，将镜头沿着人物所看的方向推近，最终定位到人物所看到的场景，从而让人感同身受。

跟镜头画面 1　　跟镜头画面 2

跟镜头画面 3

移镜头画面 1

移镜头画面 2

移镜头的同时推镜头

推镜头画面 1

推镜头画面 2

第4章

用剪映 App 制作精彩短视频

现如今，视频剪辑 App 如雨后春笋般出现，其中较常用、较易上手的莫过于剪映 App 了。本章将介绍剪映 App 的使用方法和剪辑技巧。

熟悉剪映App

4.1.1 剪映主界面、“帮助中心”和“设置中心”

打开剪映主界面，可以看到主界面共分为五个区域，分别是“帮助”按钮和“设置”按钮、素材创作区、剪辑功能区、本地草稿区和底部菜单栏。

在主界面的右上角可以看到“帮助”按钮和“设置”按钮。点击“帮助”按钮，进入“帮助中心”，会看到“最新功能”和“常见问题”两个分区。

“最新功能”中会列举剪映 App 的新功能并进行视频讲解教学，其中包括“图文成片”“智能抠像”“识别字幕”等功能。在功能介绍视频的右下角有一个以黄色图标显示的“边看边剪”功能，可以在浮窗观看教学视频的同时剪辑视频，很适合第一次使用软件时观看使用。

“常见问题”中有许多学习操作技巧时遇到的问题并都附有解答，值得去反复翻阅学习。常浏览这一分区可以很快地提高剪映操作水平。

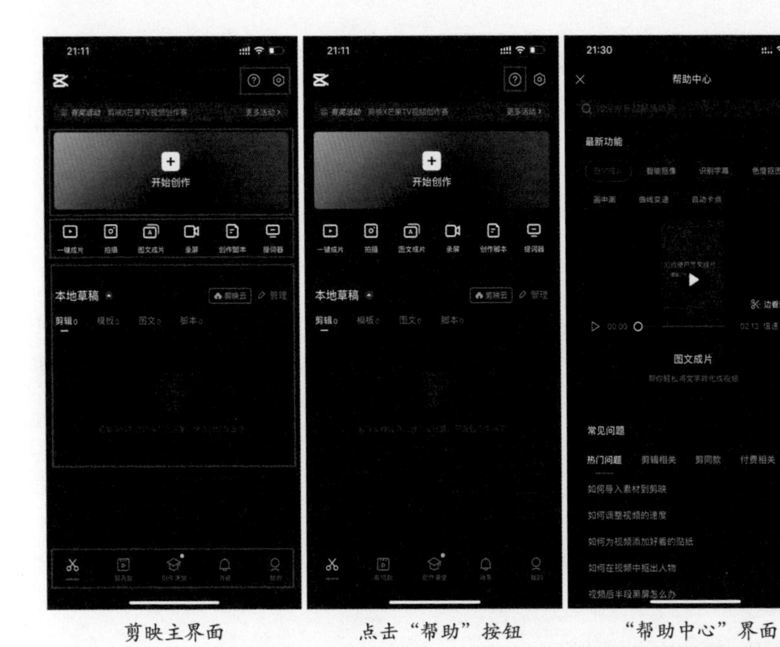

剪映主界面　　点击“帮助”按钮　　“帮助中心”界面

在“帮助中心”里找到搜索框，用户可根据需求在搜索框内进行指向性内容搜索。例如，在搜索框中输入“如何导入本地音乐”，即可搜索到相关结果。

点击“设置”按钮，进入“设置中心”，其中包含“意见反馈”“个人信息收集设置”“用户协议”“隐私条款”等选项。常用的是“清理缓存”功能，它可以将之前不用的缓存内容进行清除，释放内存空间。

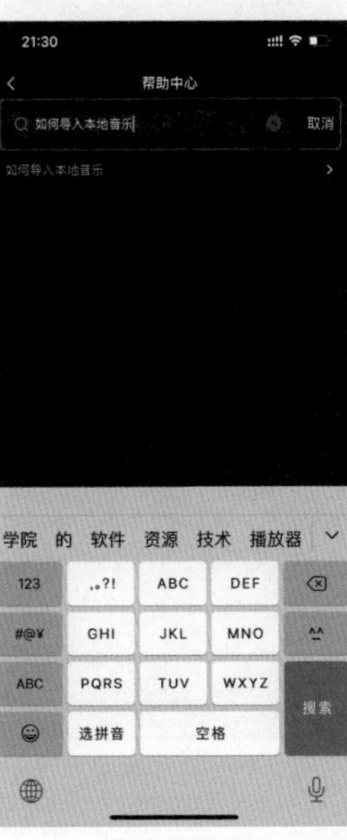

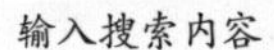
输入搜索内容

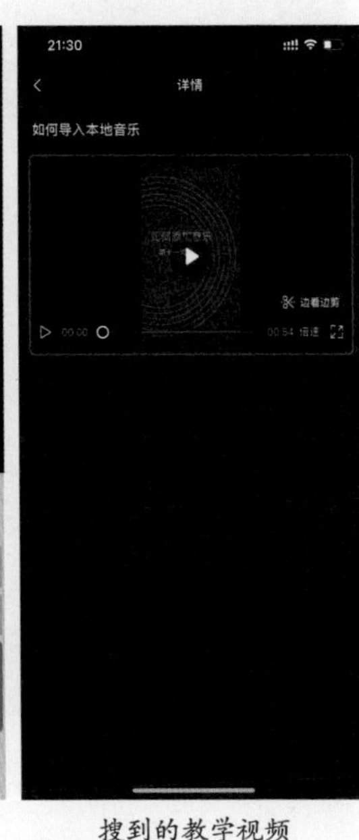

搜到的教学视频

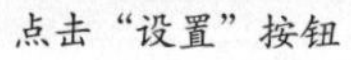

点击“设置”按钮

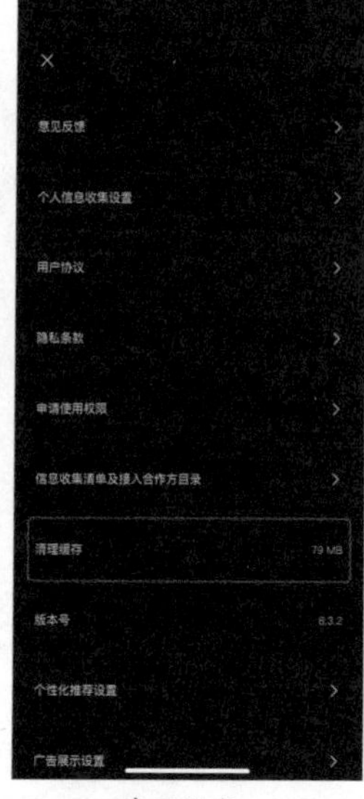

清理缓存

4.1.2 素材创作区

点击“开始创作”按钮，即可进入“最近项目”素材选择界面，此界面能自动关联手机相册，打开手机相册中最近的视频和照片等素材，用户可直接将手机相册中需编辑的视频或照片添加到剪辑项目里。

点击“开始创作”按钮

素材选择界面 1

素材选择界面 2

为了提高剪辑的效率，建议提前对所有的素材进行整理分类。

根据个人偏好，可将手机相册命名为方便查找的相册名称。例如，按照片类型区分，可分为自拍、风景、物品等；按时间区分，可分为第一天、第二天、第三天等；按照创作思路区分，可分为片头素材、片中素材、片尾素材等。

在“最近项目”按钮右侧有一个“素材库”按钮。点击“素材库”按钮，即可进入软件自带的视频素材库，其中包括“热门”“综艺”“转场片段”“搞笑片段”“故障动画”等选项，可在里面选择需要的素材内容。例如，在“转场片段”中可以看到很多时下比较流行的视频转场片段。

给照片分类　　点击“素材库”按钮　　素材选择界面

4.1.3 剪辑功能区

素材创作区的下方是剪映 App 的剪辑功能区，其中包括“一键成片”“拍摄”“图文成片”“录屏”“创作脚本”“提词器”等功能。

除了在素材创作区制作自己的原创视频，还可以使用剪映 App 的“一键成片”和“图文成片”功能快速生成一个酷炫的短视频。

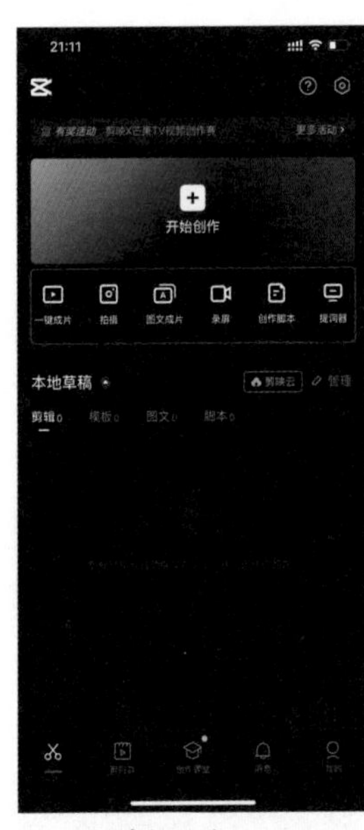

剪辑功能区

“一键成片”功能

“图文成片”功能

点击“管理”按钮

选择和删除草稿

4.1.4 本地草稿区

“本地草稿”区会记录曾经使用剪映 App 剪辑过的短视频，所有的草稿都会被保存在“本地草稿”区中。点击“管理”按钮，可以对不再需要的草稿进行选择和删除。

4.1.5 底部菜单栏

剪映主界面的底部是菜单栏。点击菜单栏中的“剪辑”“剪同款”“创作课堂”“消息”“我的”按钮，即可切换至对应的功能界面。

“剪辑”功能界面，即剪映主界面。

“剪同款”功能界面中有非常多的视频模板，类似于剪辑交流的社区，在这里可以使用视频创作者上传的模板，但有些模板需要付费使用。“剪同款”功能界面中同样也有“一键成片”功能。

底部菜单栏　　“剪辑”功能界面　　“剪同款”功能界面

在“创作课堂”功能界面中可以学习拍摄方法、剪辑方法、创作思路、账号运营等方面的知识内容，建议新手反复观看学习，这对技能提升有很好的作用。

在“消息”功能界面可以查看“官方”“评论”“粉丝”“点赞”等不同类别的消息推送。

在“我的”功能界面中，可以管理自己的账号。在这里可以更改头像，编辑资料，观看关注数、粉丝数、获赞数情况。剪映 App 可以关联抖音账号，关联后可直接打开关联抖音账号的主页。

“创作课堂”功能界面　　“消息”功能界面　　“我的”功能界面

4.2 剪辑界面功能

本节针对剪辑界面的功能应用进行讲解，包括“帮助”“1080P”和“导出”按钮、素材预览区、剪辑轨道区、工具栏功能的详细操作步骤解读。

4.2.1 素材添加

点击“开始创作”按钮，进入素材选择界面，在手机相册中选择一个或多个素材，然后点击“添加”按钮，即可将素材导入剪辑轨道。

将素材导入剪辑轨道之后，会出现剪映 App 的剪辑界面。在剪辑界面中，我们可以运用各种基础工具来编辑和优化视频，下面就来详细介绍一些日常剪辑中会使用到的基础工具。

点击“开始创作”按钮　　素材选择界面　　剪辑界面

剪辑界面分为四个区域：顶部的“帮助”“1080P”和“导出”按钮，上方的素材预览区，下方的剪辑轨道区以及底部的工具栏。

4.2.2 “帮助”“1080P”和“导出”按钮

在剪辑界面的顶部，可以看到“帮助”按钮、“1080P”下拉按钮和“导出”按钮。

点击“帮助”按钮，即可进入“帮助中心”。

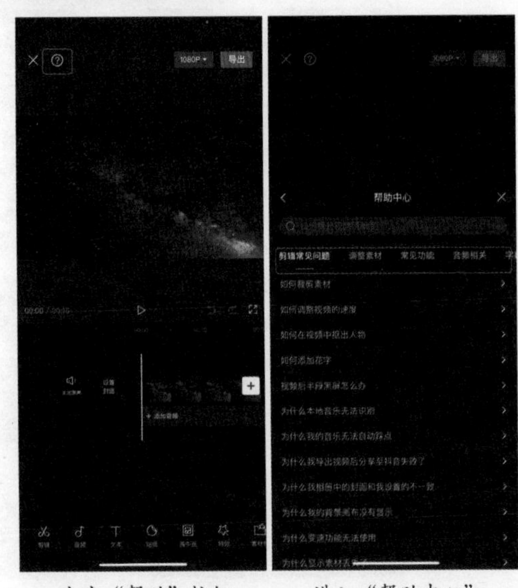

点击“帮助”按钮　　进入“帮助中心”

点击“1080P ”下拉按钮，即可设置视频的分辨率和帧率。

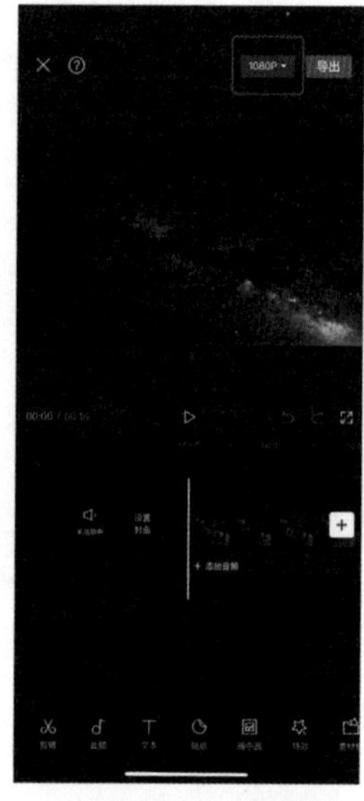

点击“1080P”下拉按钮

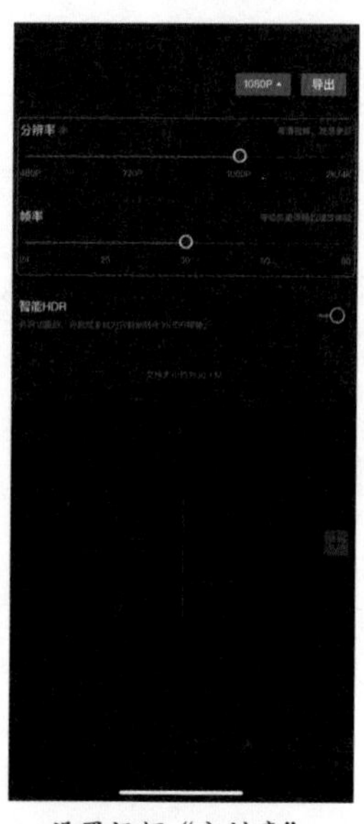

设置视频“分辨率”和“帧率”

点击“导出”按钮，即可将剪辑好的视频导出。

点击“导出”按钮

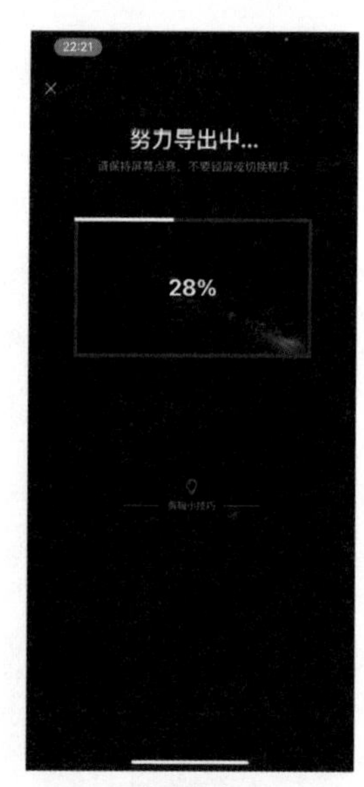

导出视频

4.2.3 素材预览区

在素材预览区可以实时预览视频画面。在素材预览区的最下方可以查看视频的播放进度和视频的总时长。

点击“播放”按钮，即可预览视频；点击“暂停播放”按钮，即可停止预览视频。

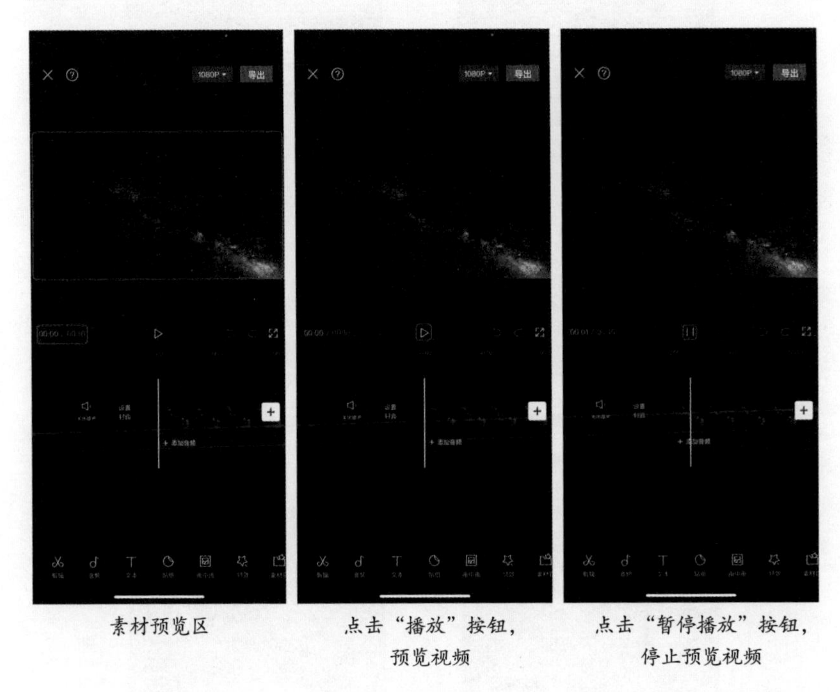

素材预览区　　点击“播放”按钮，预览视频　　点击“暂停播放”按钮，停止预览视频

点击“撤销”按钮，即可撤销失误的操作；点击“恢复”按钮，即可恢复上一步的操作。

点击“撤销”按钮，撤销操作

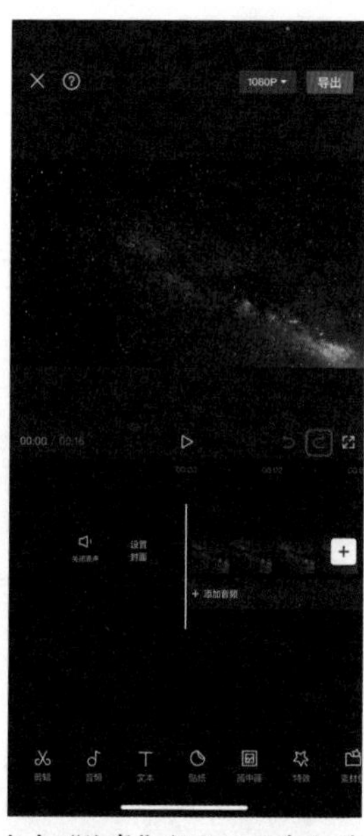

点击“恢复”按钮，恢复操作

点击“全屏显示”按钮，即可全屏预览视频效果。

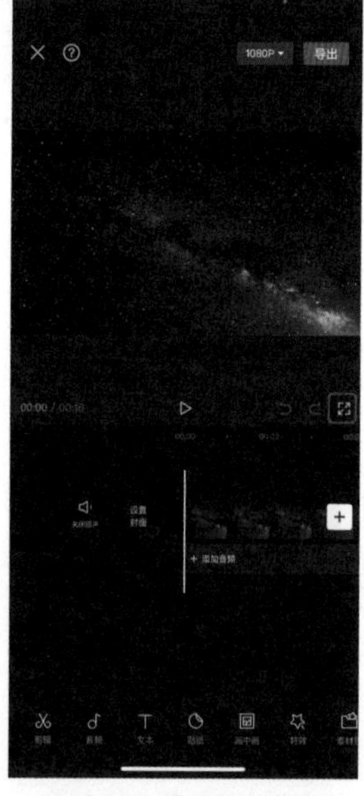

点击“全屏显示”按钮

全屏预览视频效果

4.2.4 剪辑轨道区

剪辑轨道区包括素材轨道、音频轨道、文本轨道、贴纸轨道、特效轨道、滤镜轨道等，主要用来辅助各类剪辑工具进行短视频的剪辑。

剪辑轨道区的顶部为轨道时间线，滑动轨道时间线可以实现剪辑项目的预览。

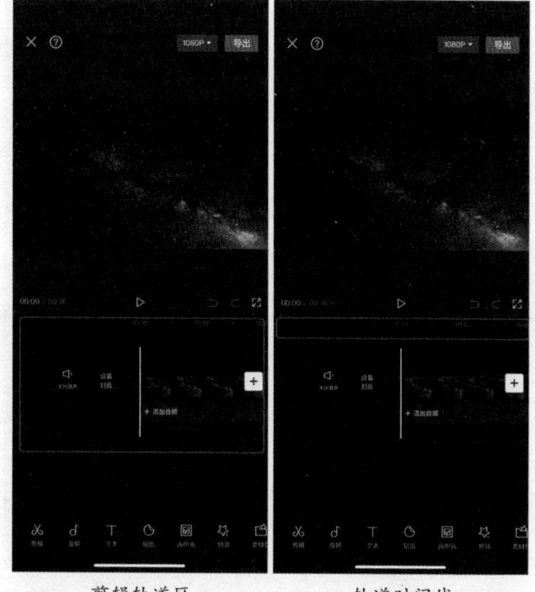

剪辑轨道区　　轨道时间线

剪辑轨道区的左侧是“关闭/开启原声”按钮和“设置封面”按钮。

点击“关闭原声”按钮，即可关闭视频的原声；点击“开启原声”按钮，即可打开视频的原声。

点击“设置封面”按钮，可以使用剪映 App 内置的封面模板，为短视频设计封面。

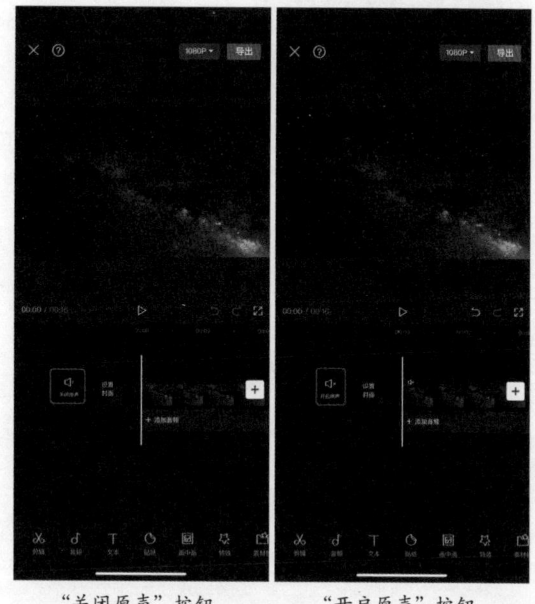

“关闭原声”按钮　　“开启原声”按钮

点击“设置封面”按钮

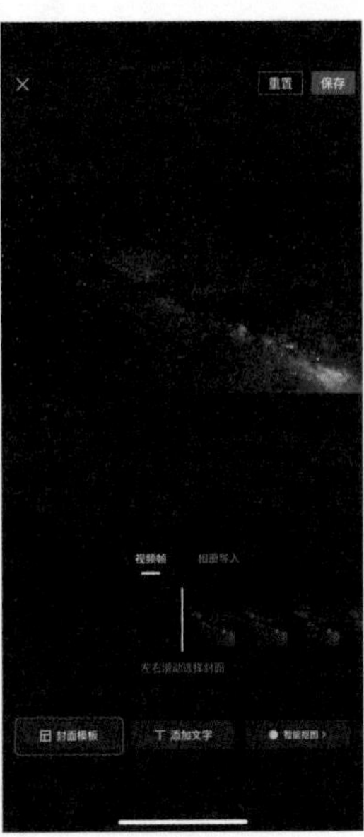

点击“封面模板”按钮

选择模板并编辑封面

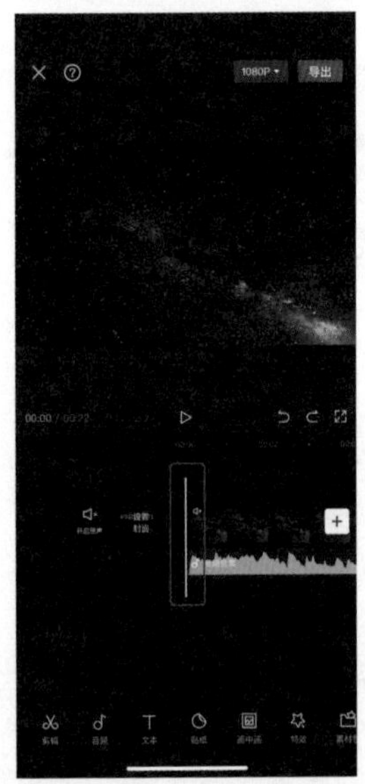

素材编辑轨道上的时间轴竖线

剪辑轨道区的中间为视频、音频、文本、贴纸及特效等素材的编辑轨道。轨道上有一条白色的时间轴竖线，它能够帮助我们定位素材的时间点。

音频轨道是蓝色的，文本轨道是橙色的，贴纸轨道是浅橙色的，特效轨道是紫色的，滤镜轨道是靛蓝色的。我们可以根据需要添加多条轨道，轨道可以任意编辑，包括轨道的时长、位置和内容等。

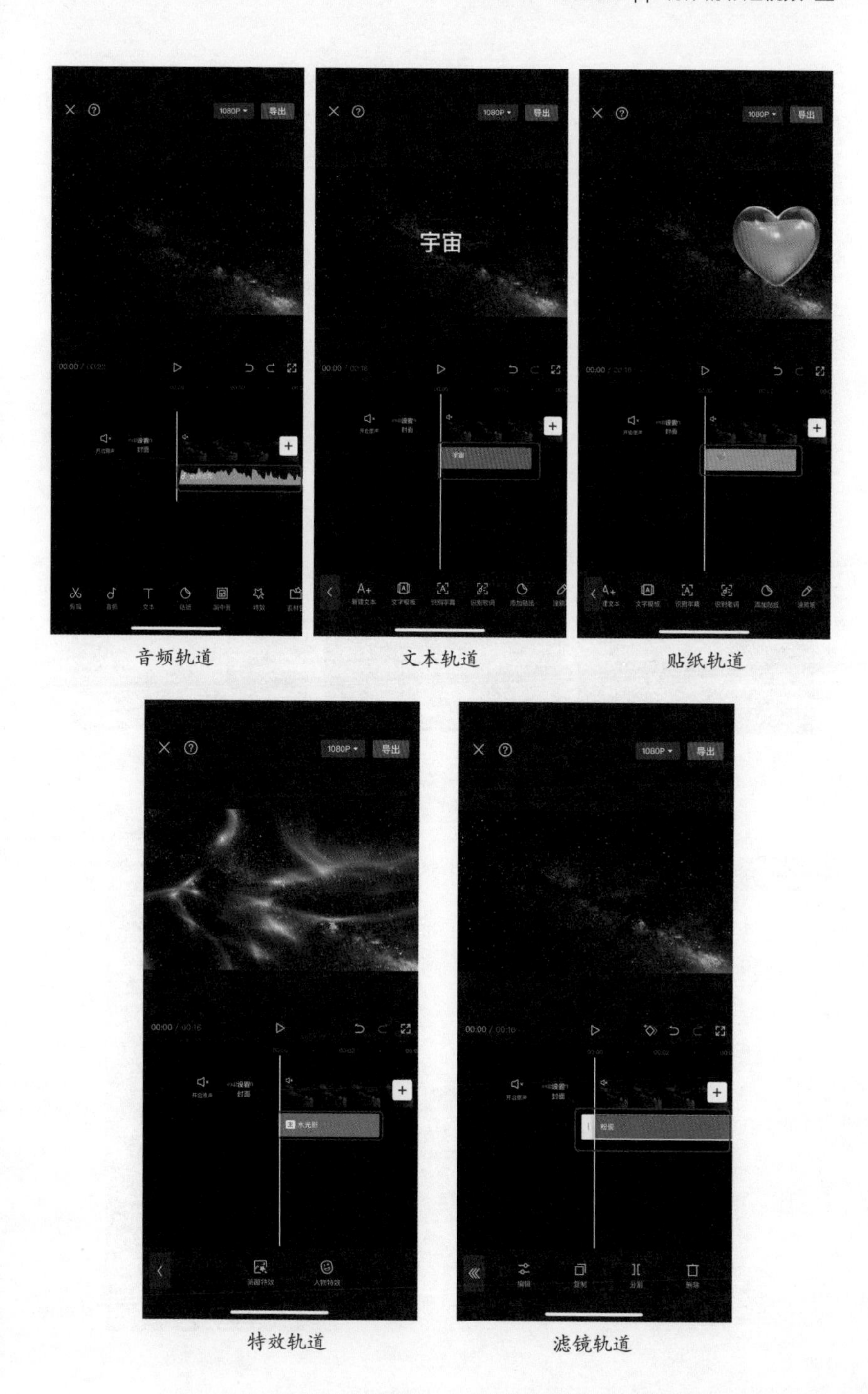
1080P
导出
宇宙
音频轨道
文本轨道
贴纸轨道
特效轨道
滤镜轨道

在剪辑轨道区左右滑动，可以快速预览视频的内容。

剪辑轨道区的最右侧有一个“+”按钮。当想要为现有视频添加新的素材时，可以点击“+”按钮，进入素材选择界面。

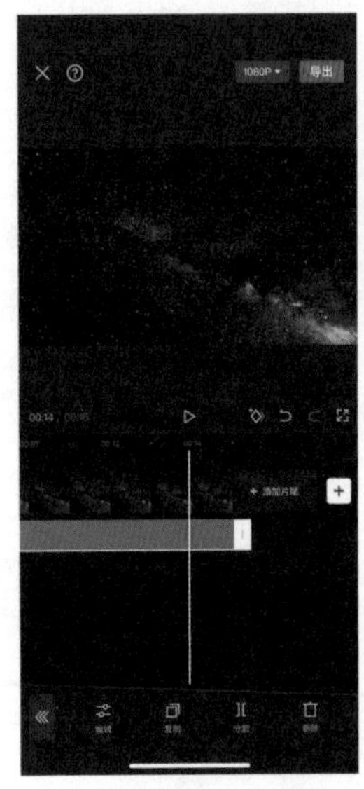
在剪辑轨道区左右滑动，快速预览视频

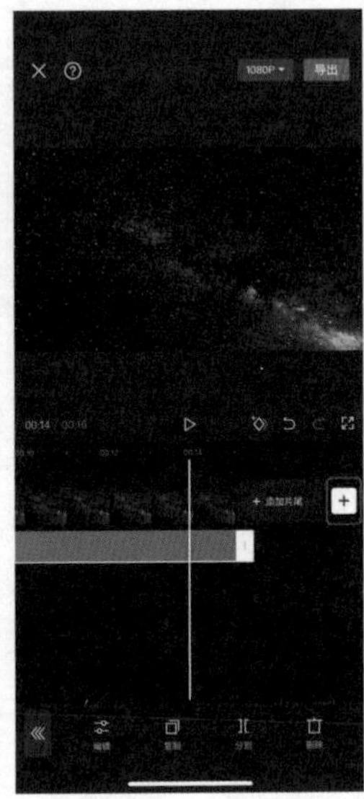
点击“+”按钮

素材选择界面

4.2.5 工具栏

剪辑界面最下方是一级工具栏，主要包括“剪辑”“音频”“文本”“贴纸”“画中画”“特效”等工具。

一级工具栏

点击任意一个一级工具，即可进入二级工具栏，对素材进行进一步的调整。如果需要返回一级工具栏，点击“<”按钮即可。

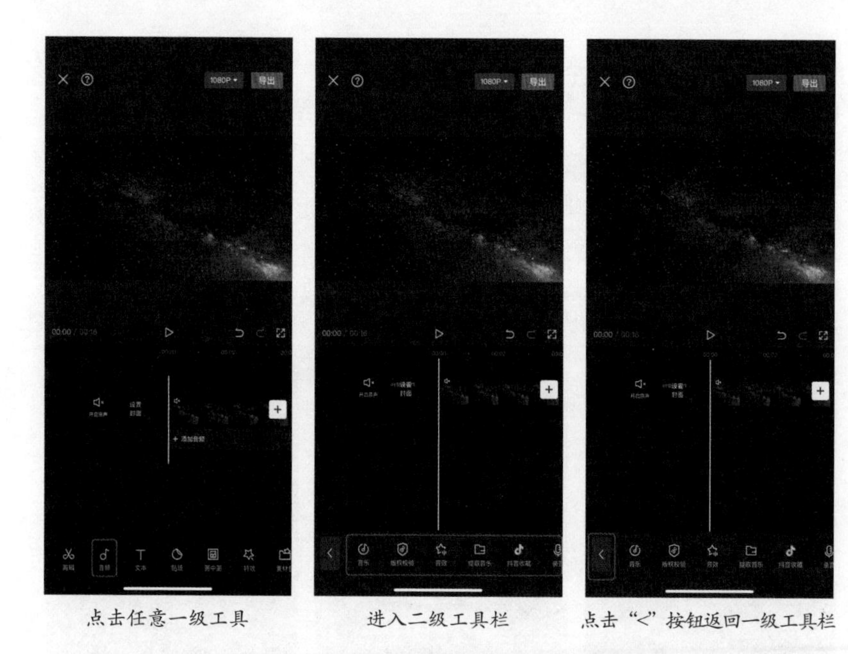

点击任意一级工具　　进入二级工具栏　　点击“<”按钮返回一级工具栏

还有一种返回一级工具栏的方法是点击“ √ ”按钮完成效果的制作。例如，点击“素材包”按钮，选择一个想要的素材包，然后点击“ √ ”按钮，即可返回一级工具栏。

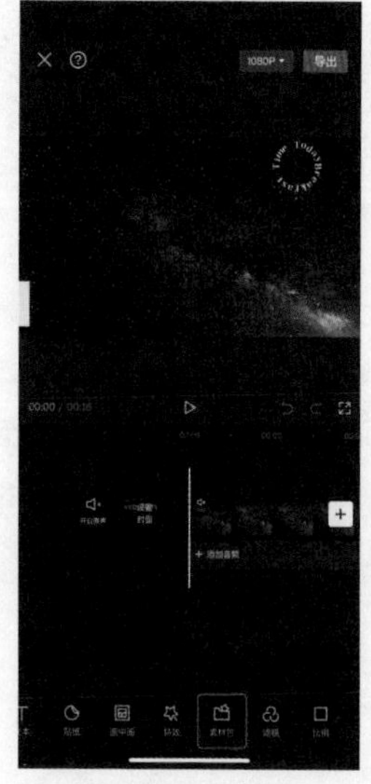

点击“素材包”按钮

选择素材包，点击“√”按钮返回一级工具栏

4.3 短视频的剪辑方法

本节讲解短视频的剪辑方法，将剪映 App 中常用的视频剪辑功能进行拆分讲解，细致的讲解方式可以更好地帮助读者快速上手。

在剪映主界面点击“开始创作”按钮，进入素材选择界面。在手机相册中选择需要剪辑的视频素材，点击素材选择界面右下角的“添加”按钮，将该视频素材导入剪辑项目。导入时可选择一个视频也可选择多个视频同时导入。

点击“开始创作”按钮

素材选择界面

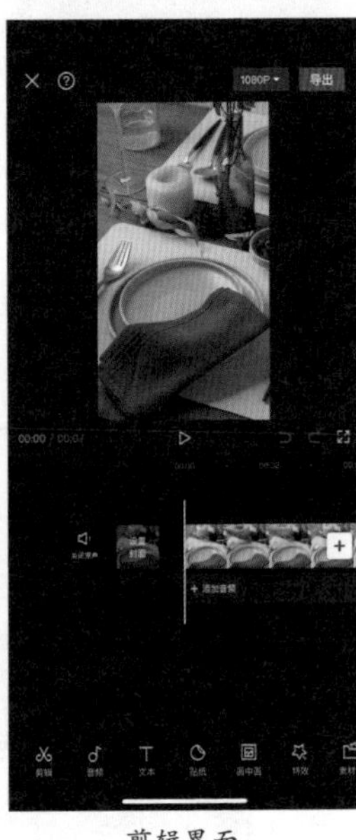

剪辑界面

点击“剪辑”按钮，即可进入剪辑工具栏，里面的功能包括“分割”“删除”“变速”“动画”“智能抠像”“抖音玩法”“音频分离”“编辑”“滤镜”“调节”“美颜美体”“蒙版”“色度抠图”“切画中画”“替换”“防抖”“复制”“倒放”“定格”等。在剪辑工具栏左右滑动，可以看到这些剪辑工具，供日常剪辑使用。下面我们逐一讲解上述剪辑工具的作用。

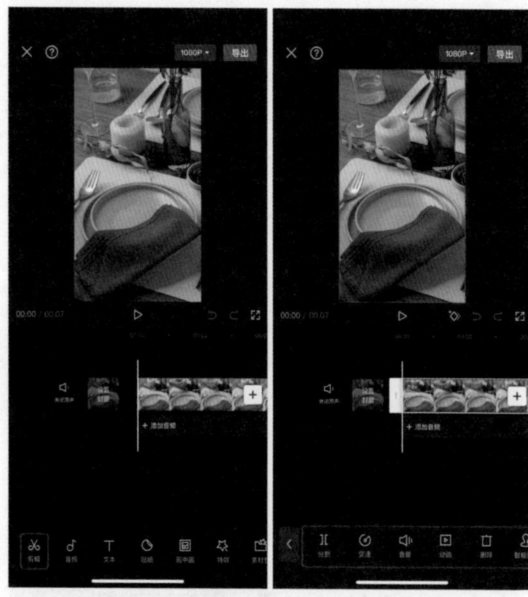

点击“剪辑”按钮　　剪辑工具栏

4.3.1 分割视频

将时间轴竖线定位在需要分割的时间点，然后点击底部剪辑工具栏的“分割”按钮，即可将选中的视频素材分割成两段。

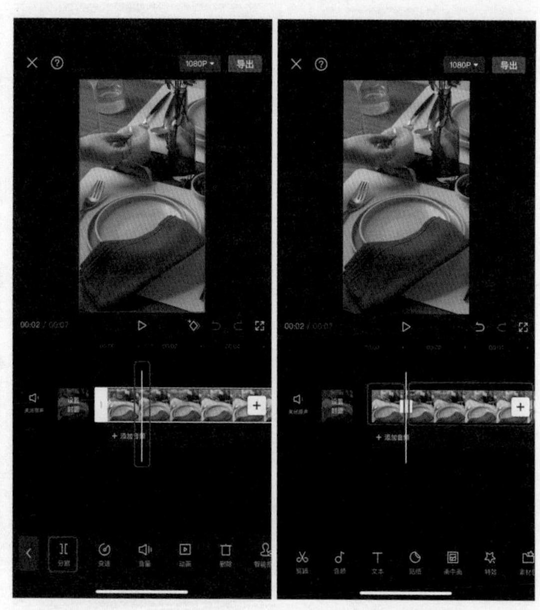

定位时间轴竖线，点击“分割”按钮　　分割素材

4.3.2 删除视频

拖动进度条选择视频内的某一片段，点击“删除”按钮，即可将该片段删除。

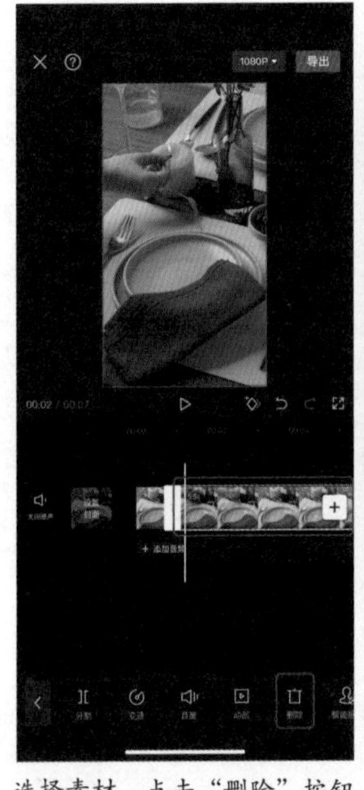

选择素材，点击“删除”按钮

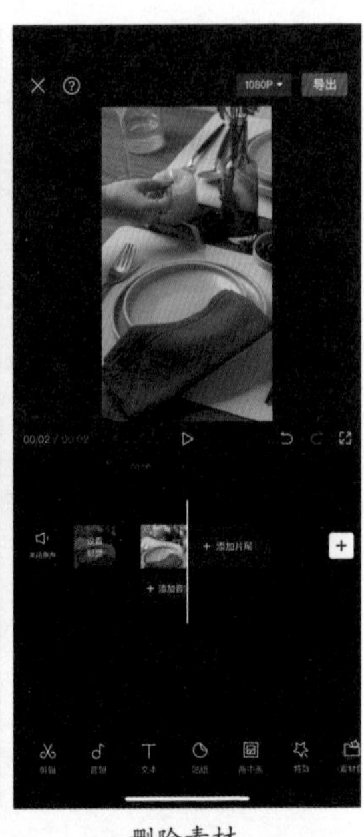

删除素材

4.3.3 视频变速

当我们想要实现视频变速时，可以使用变速工具。点击“变速”按钮，点击“常规变速”或“曲线变速”按钮对视频进行变速。

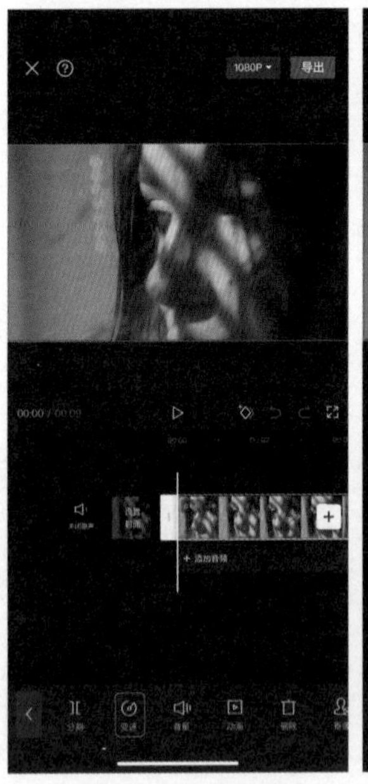

点击“变速”按钮

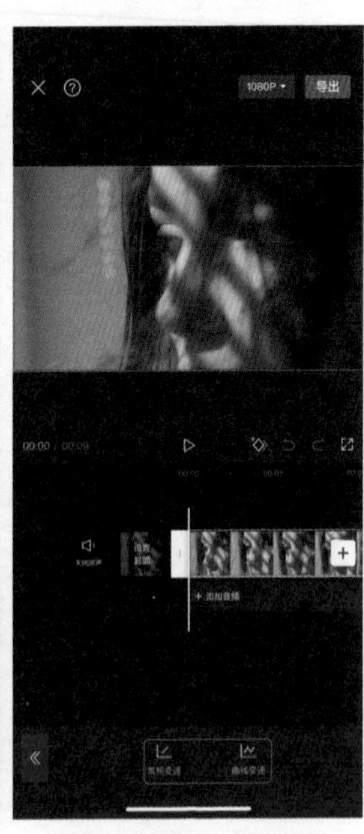

点击“常规变速”或“曲线变速”按钮

点击“常规变速”按钮，即可进入常规变速界面，拖动变速滑块可以更改视频的播放速度，支持 0.1 倍～ 100 倍的播放速度。选择要变速的值后点击“√”按钮即可完成常规变速的调整。

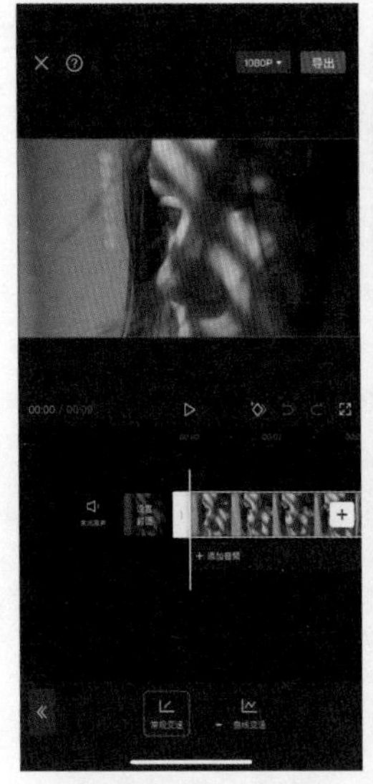

点击“常规变速”按钮

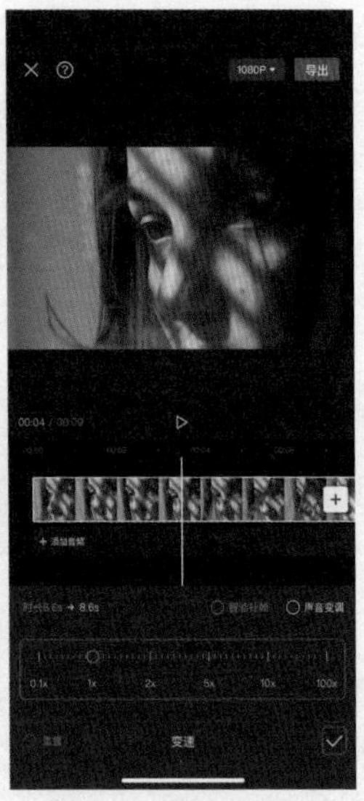

在常规变速界面中调整播放速度

点击“曲线变速”按钮，即可进入曲线变速界面，在这一界面可以选择曲线变速的效果。例如，这里选择“蒙太奇”效果，再点击“点击编辑”按钮，可以任意更改效果的速度，还可以通过点击“删除点”或“添加点”按钮来删除或添加播放的速度转换节点，编辑完成后点击“√”按钮，返回曲线变速界面。再次点击“√”按钮即可完成曲线变速的调整。

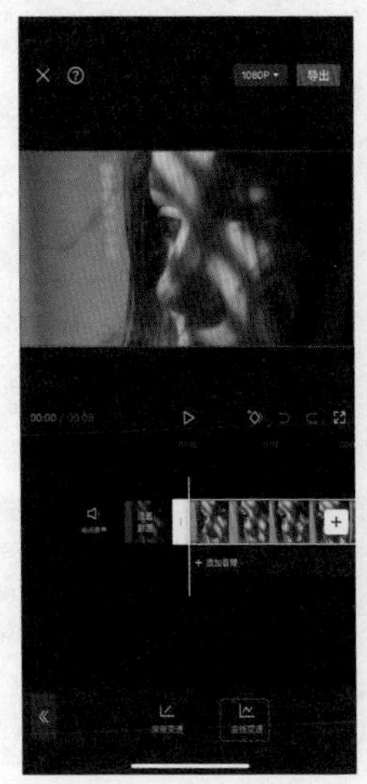

点击“曲线变速”按钮

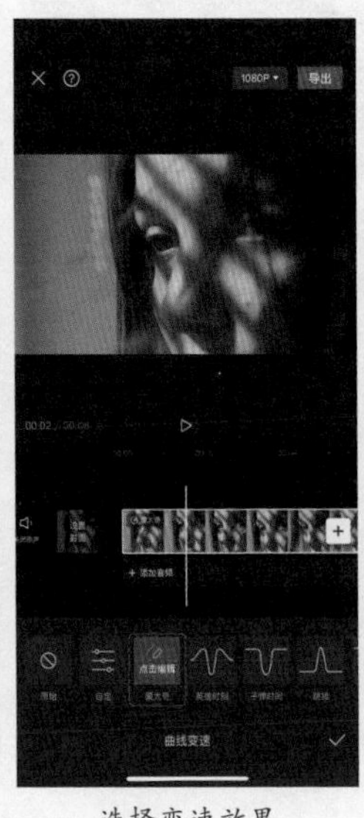

选择变速效果

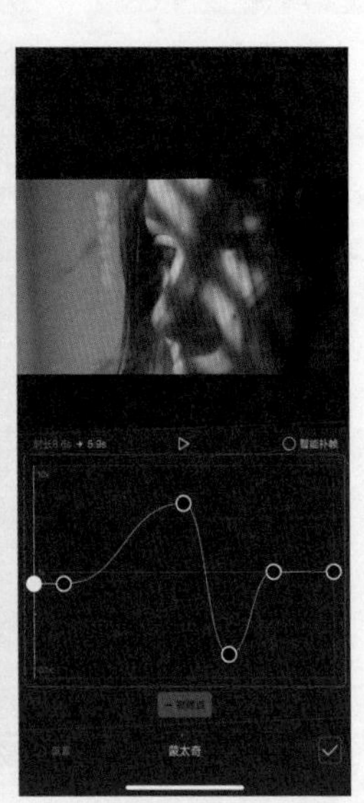

编辑变速效果

点击“<<”按钮，
返回剪辑工具栏

调整好视频的播放速度之后，点击“<<”按钮，即可返回剪辑工具栏。

4.3.4 视频动画

点击“动画”按钮，进入动画工具栏，可以看到“入场动画”“出场动画”“组合动画”三个按钮。在这里可以为选中的视频素材添加动画效果。

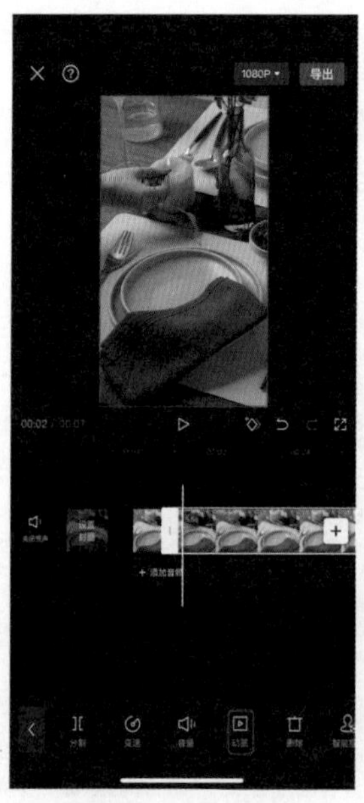

点击“动画”按钮

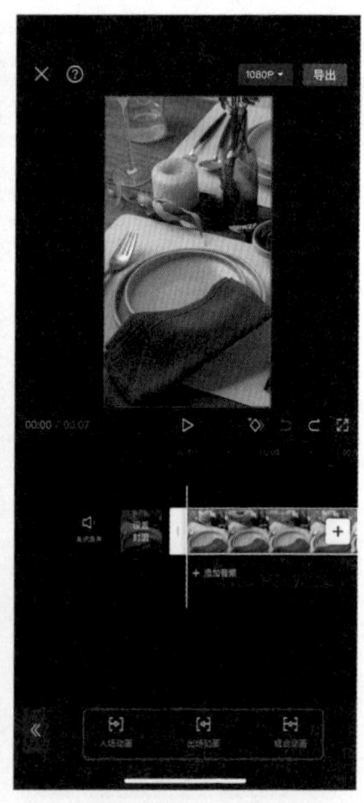

选择动画效果

以“组合动画”功能为例。点击“组合动画”按钮，可以为选中的视频素材添加组合动画。动画类型包括“拉伸扭曲”“扭曲拉伸”“波动吸收”“波动放大”“旋转降落”“方片转动”等。选择“扭曲拉伸”动画，视频即可获取此动画效果，在动画下方拖动进度条可以调整动画的时长。同样，完成后点击“√”按钮，即可返回上一级工具栏。点击界面左下角的“<<”按钮，即可返回剪辑工具栏。

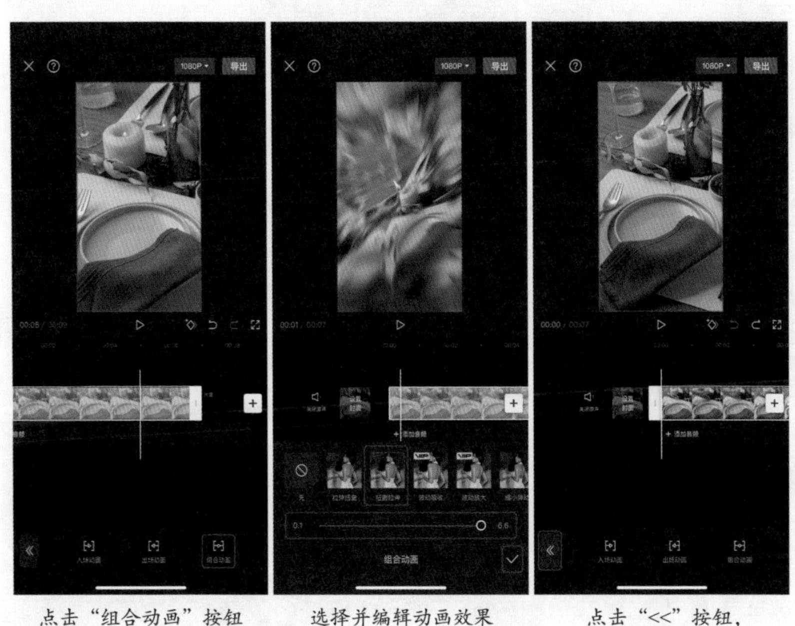

点击“组合动画”按钮　　选择并编辑动画效果　　点击“<<”按钮，返回剪辑工具栏

4.3.5 智能抠像

点击“智能抠像”按钮，剪映 App 会自动识别视频中的主体并进行抠像处理。抠像后的视频效果为：只保留被识别的主体，其余画面用黑色背景替代。

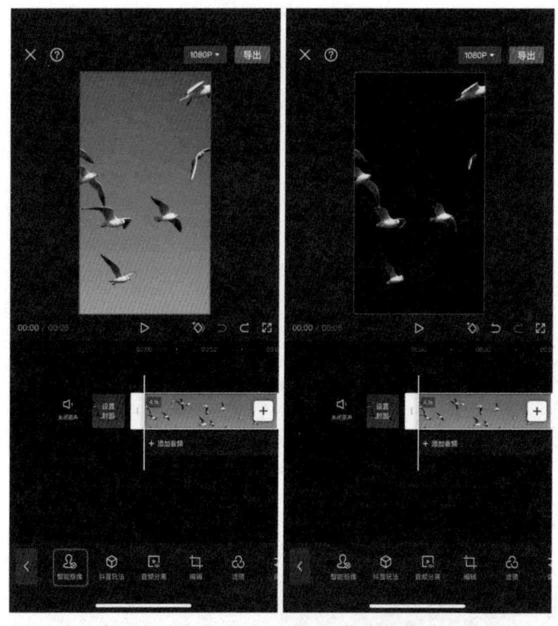

点击“智能抠像”按钮　　智能抠像后的界面

4.3.6 抖音玩法

点击“抖音玩法”按钮，可以看到里面有“漫画写真”“微笑”“摇摆运镜”“万物分割”等抖音玩法模板，点击即可自动套用。不过有些视频不支持抖音玩法的使用，应根据实际情况而定。

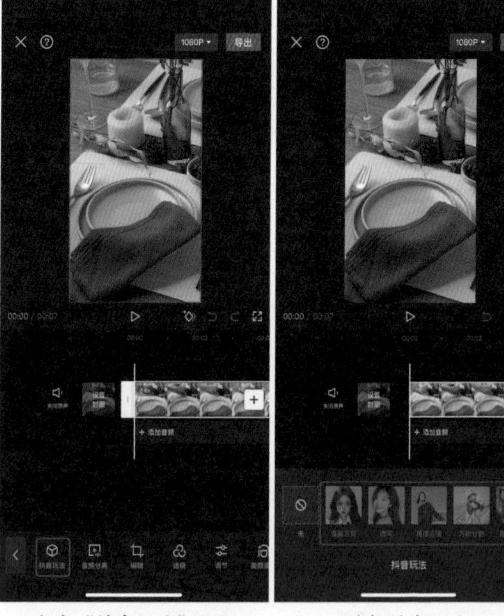

点击“抖音玩法”按钮　　选择抖音玩法

例如，这个视频支持使用“丝滑变速”抖音玩法，我们可以尝试一下“丝滑变速”抖音玩法的效果，如果对该效果满意，那么可以点击“√”按钮，确认使用该玩法。如果对该效果不满意，那么可以点击“无”按钮，取消该效果，然后再点击“√”按钮，返回上一级工具栏。

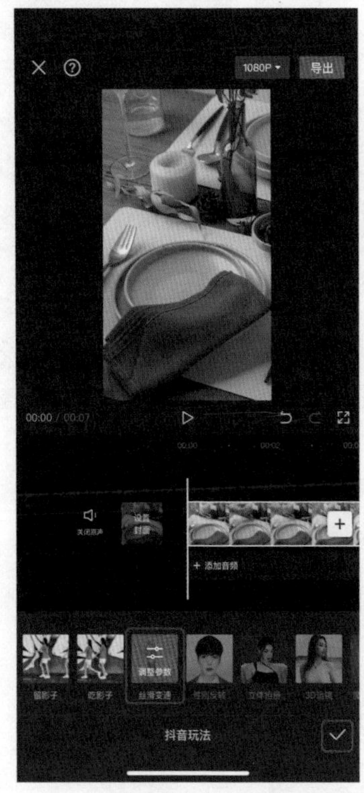

“丝滑变速”抖音玩法

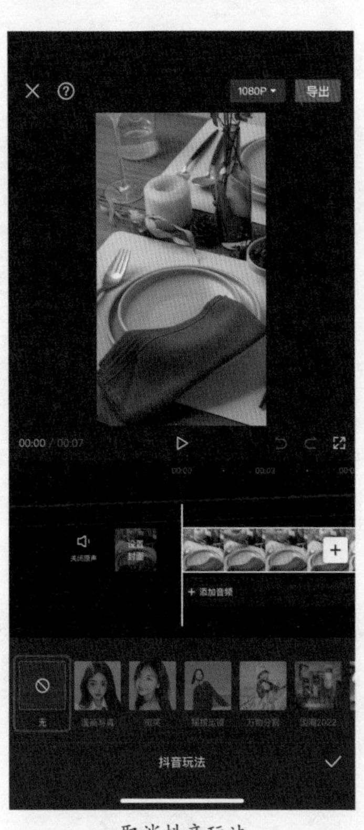

取消抖音玩法

4.3.7 音频分离

点击“音频分离”按钮，就可以看到视频画面和音频被分成了两条轨道，选中音频轨道，就可以单独对音频轨道进行编辑，包括“音量”“淡化”“分割”“变声”“删除”“变速”等操作。当需要单独对视频原声进行编辑但又不想破坏视频本身时，可以使用音频分离功能。

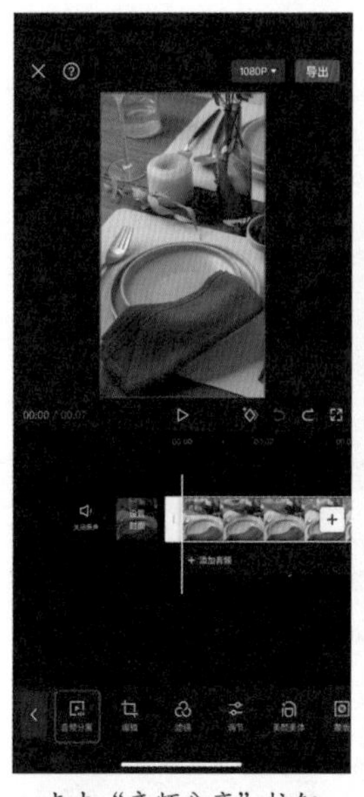

点击“音频分离”按钮

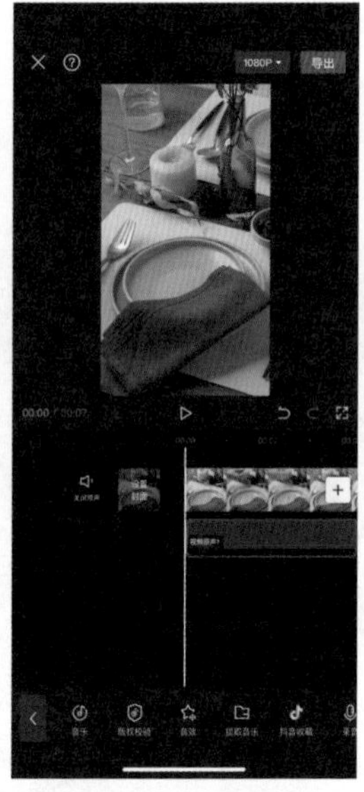

分离音频和视频

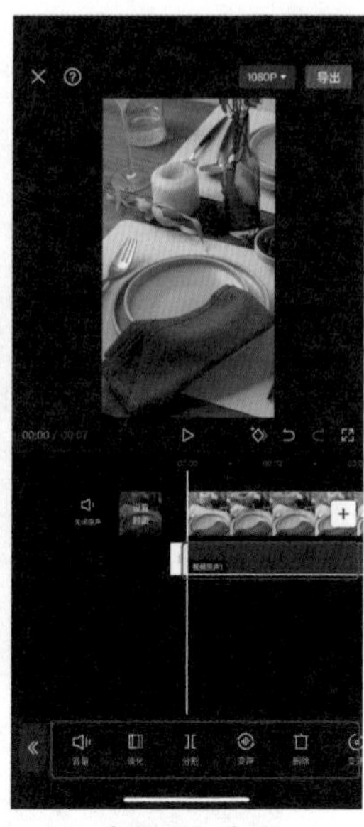

音频编辑界面

4.3.8 视频画面的旋转、镜像和裁剪

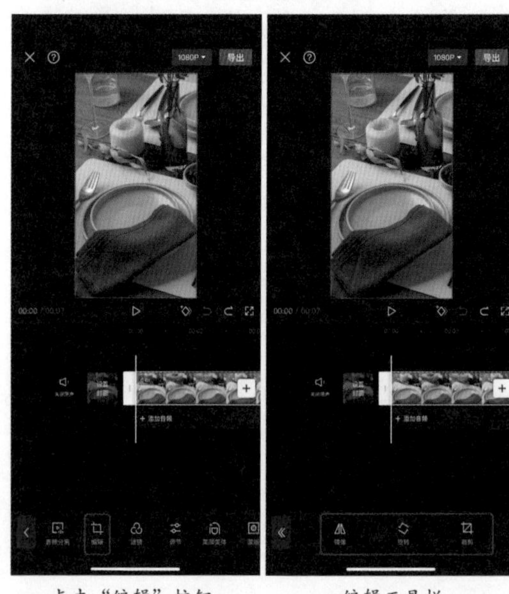

点击“编辑”按钮　　编辑工具栏

点击“编辑”按钮，打开编辑工具栏后可以看到“镜像”“旋转”“裁剪”按钮。

点击“镜像”按钮，画面就会具有镜像的效果。

点击“旋转”按钮，画面会沿顺时针方向旋转，每点击一次画面旋转90°。

点击“裁剪”按钮，可对画面进行不同方式的裁剪。通过视频外侧的白色方框可自由设置裁剪尺寸，手动拖动即可。可选择具体角度进行裁剪。点击比例模板可根据“自由”“16 : 9”“1 : 1”“4 : 3”等尺寸裁剪。裁剪操作建议放在整个视频编辑的最开始进行。

4.3.9　添加滤镜和调节色调

“滤镜”和“调节”是剪辑工具里常用且强大的功能。使用这两个功能可以快速为短视频添加滤镜和调节色调，完成色调风格的处理。

点击剪辑工具栏中的“滤镜”按钮，进入滤镜工具栏，滤镜工具栏中会有“精选”“影视级”“人像”“风景”“复古胶片”等滤镜一级类别，在每个一级类别下面还会有多种更细的滤镜分类。在这里可以选择喜欢的滤镜，同时还可以对该滤镜的展示效果进行调整。如果想将该滤镜应用到所有视频素材上，直接点击“全局应用”按钮即可。选定滤镜后点击“√”按钮。

小贴士

长按视频画面可以对比使用滤镜前后的效果，长按具体滤镜可将该滤镜收藏，方便以后使用。

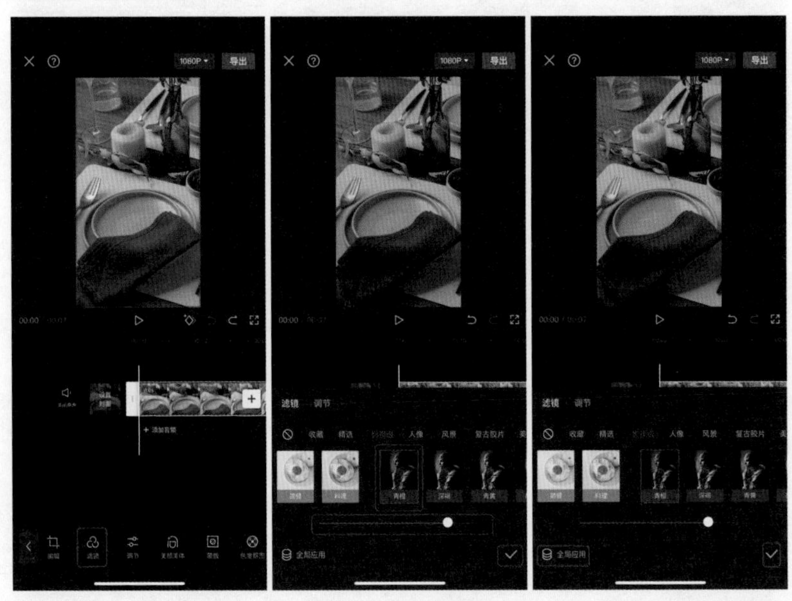

点击“滤镜”按钮　　选择并调整滤镜效果　　全局应用滤镜

点击“调节”按钮，进入调节工具栏，其中包含“亮度”“对比度”“饱和度”“光感”“锐化”“高光”“阴影”“色温”“色调”“褪色”“暗角”“颗粒”等工具。根据视频需要进行调节，并搭配使用不同参数，即可得到预期的效果。

小贴士

“调节”按钮内的预设值可在无滤镜下调节，也可在增加滤镜后调节。

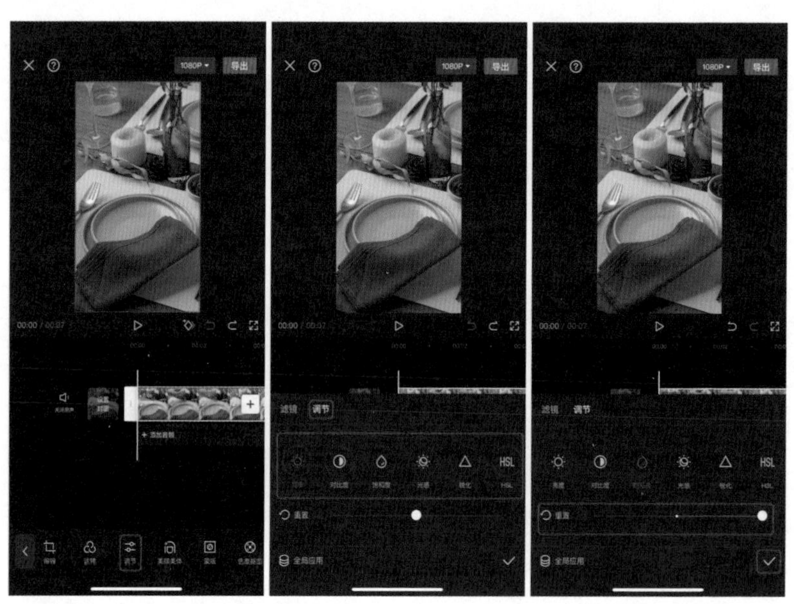

点击“调节”按钮　　调节工具栏　　调整饱和度

4.3.10 美颜美体

点击“美颜美体”按钮，进入美颜美体工具栏。其中包含“智能美颜”“智能美体”“手动美体”三大功能。点击“智能美颜”按钮，可以进行“磨皮”“瘦脸”“大眼”“瘦鼻”“美白”等操作，拖动滑块可选择美颜程度。

点击“美颜美体”按钮　　　美颜美体工具栏　　　调整磨皮程度

4.3.11 利用蒙版工具制作头像片尾

点击“蒙版”按钮，可以给选中的视频素材添加一个图形蒙版并调整蒙版的范围。例如，当我们想制作一个黑底的头像片尾时，可以选择“圆形”蒙版，然后调整蒙版的选择范围，使其达到想要的效果，再点击“√”按钮，即可完成头像片尾的制作。

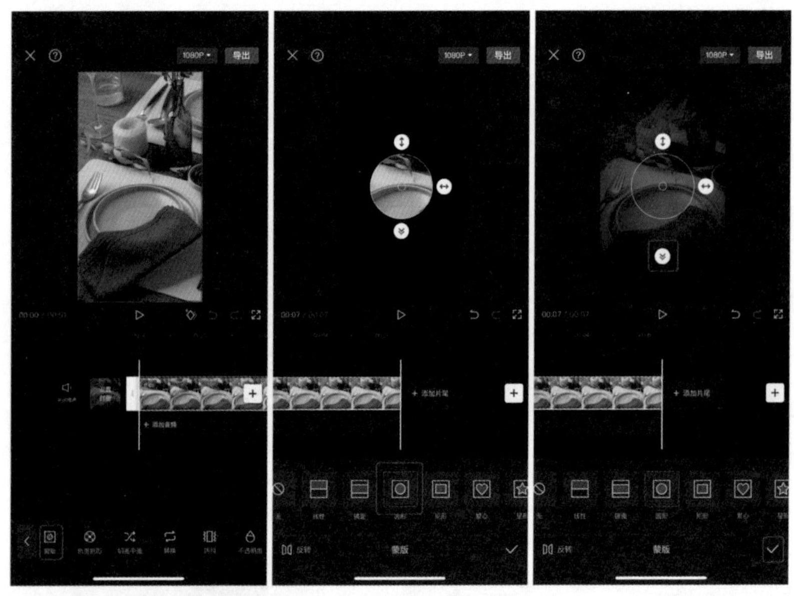

点击“蒙版”按钮　　选择蒙版效果　　应用蒙版

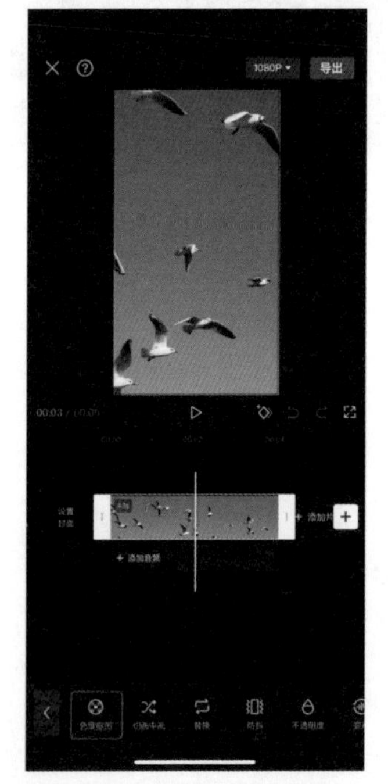

点击“色度抠图”按钮

4.3.12 色度抠图

点击“色度抠图”按钮，进入色度抠图界面。使用“色度抠图”功能可以对单一颜色的画面进行抠图处理。色度抠图界面里包含“取色器”“强度”“阴影”三个按钮。

例如，这个视频里有海鸥和天空，天空是蓝色的，我们想要将其去除。点击“取色器”按钮，选择天空的位置，然后对“强度”和“阴影”数值进行调整，将天空的蓝色完全去除，完成后点击“ √ ”按钮。

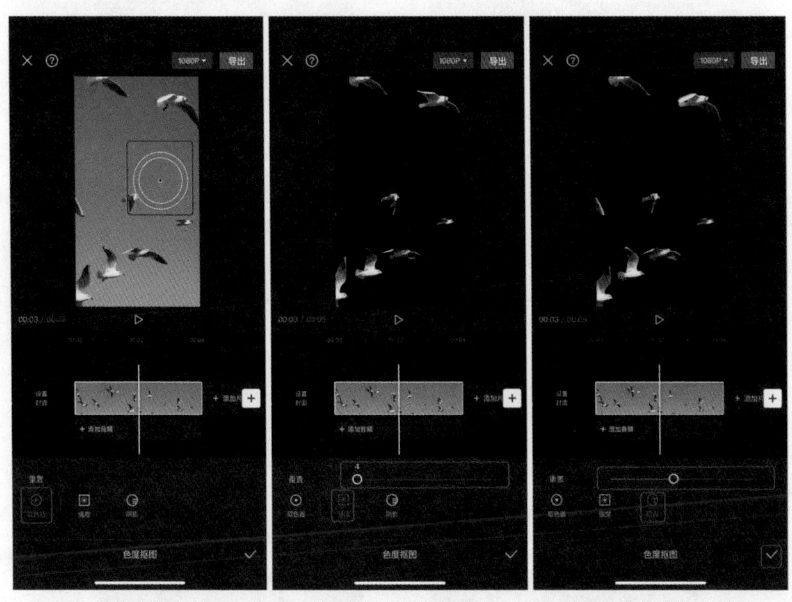

点击“取色器”按钮　　调整“强度”数值　　调整“阴影”数值

4.3.13 切换画中画

“画中画”指在一个画面中出现另一个画面。剪映 App 中可通过“切画中画”功能实现，使用该功能可以让多个素材出现在同一个画面中，从而实现同步播放的分屏效果。例如游戏解说等视频。

启动剪映 App，点击“开始创作”按钮，添加两段视频，选中其中一段作为画中画的视频，点击“切画中画”按钮，这样两段视频就会出现在不同轨道上。选中画中画轨道上的视频，双指放在素材预览区上缩放并移动画面，把它调整到想要的大小和位置，即可实现画中画的效果。

点击“开始创作”按钮，载入两段视频

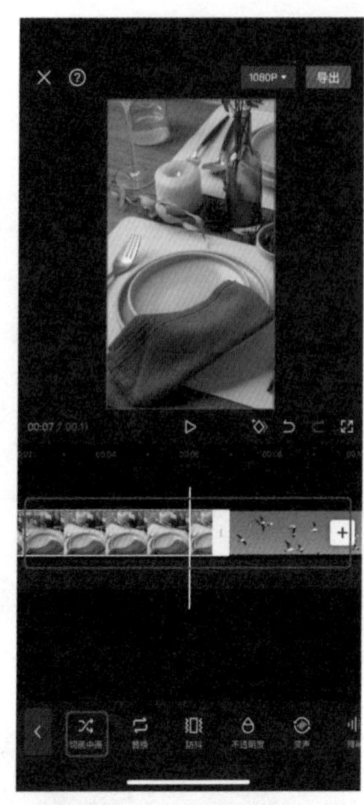

点击“切画中画”按钮

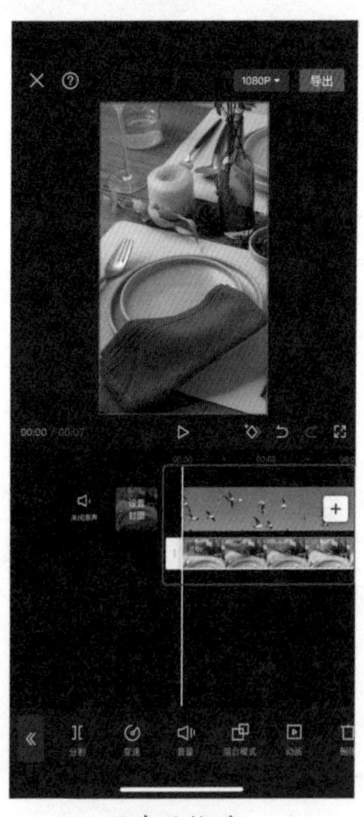

画中画轨道

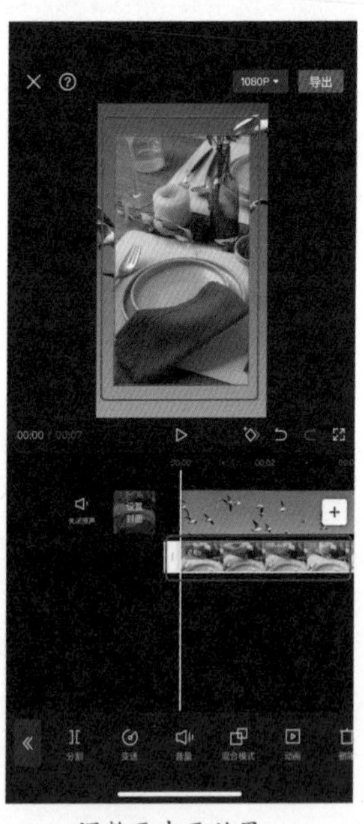

调整画中画效果

4.3.14 替换视频素材

选中剪辑轨道区中需要换出的视频，点击“替换”按钮，进入素材选择界面，选择一段需要换入的视频素材，点击“添加”按钮即可完成替换。

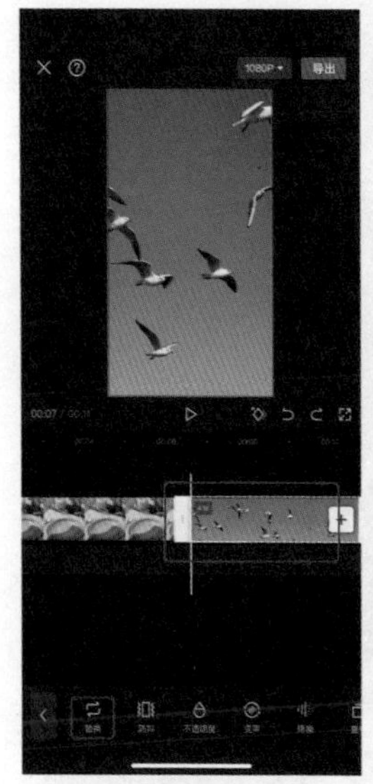

点击“替换”按钮

素材选择界面

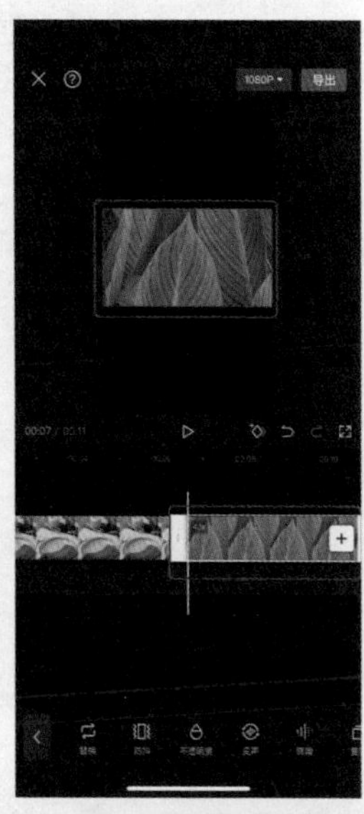

完成素材替换

4.3.15 视频防抖

点击“防抖”按钮，对选中的视频进行防抖处理。选择一个合适的防抖级别，然后点击“√”按钮，即可对视频完成防抖的处理。

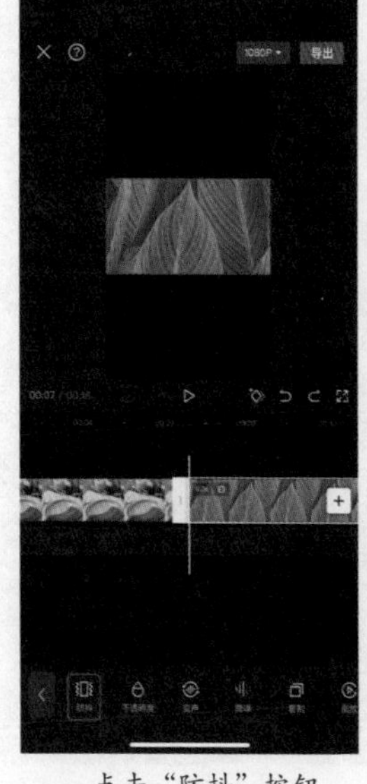

点击“防抖”按钮

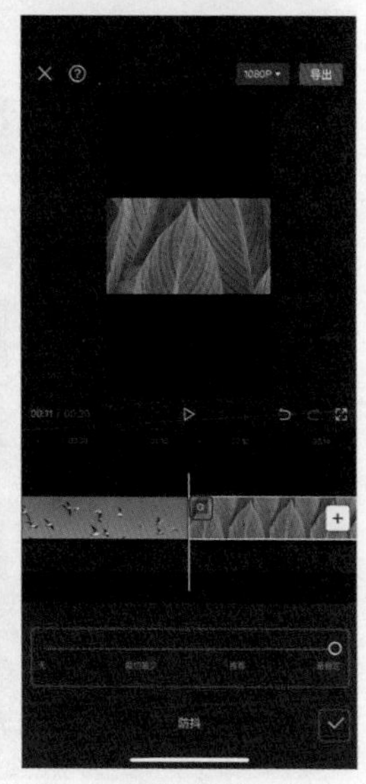

调整防抖级别

4.3.16 复制视频

点击“复制”按钮，可复制选中的视频素材。

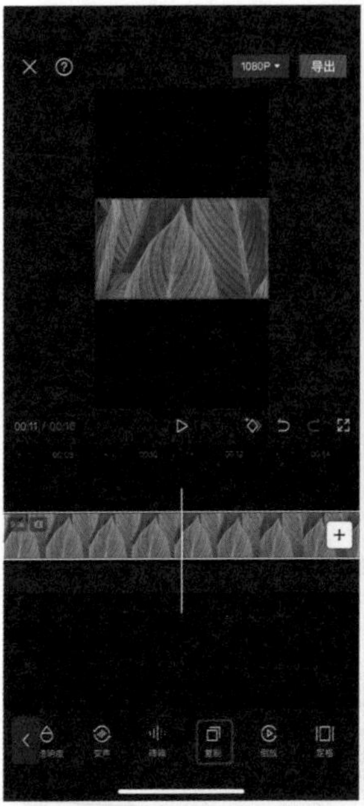

点击“复制”按钮

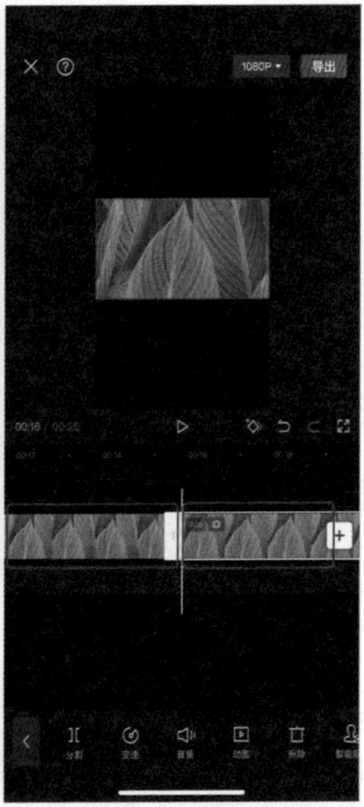

复制视频素材

4.3.17 倒放视频

点击“倒放”按钮，可对选中的视频素材进行倒放处理。

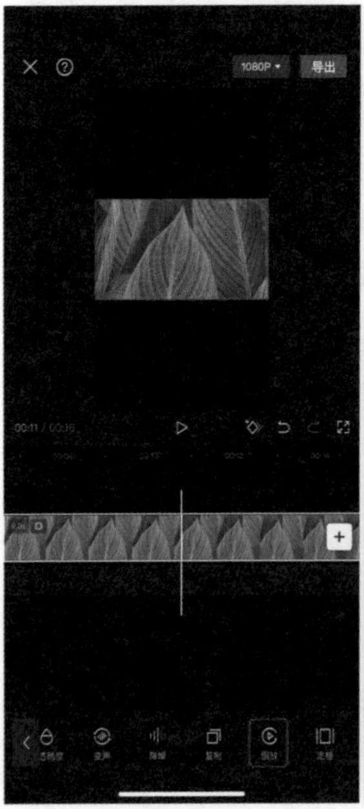

点击“倒放”按钮

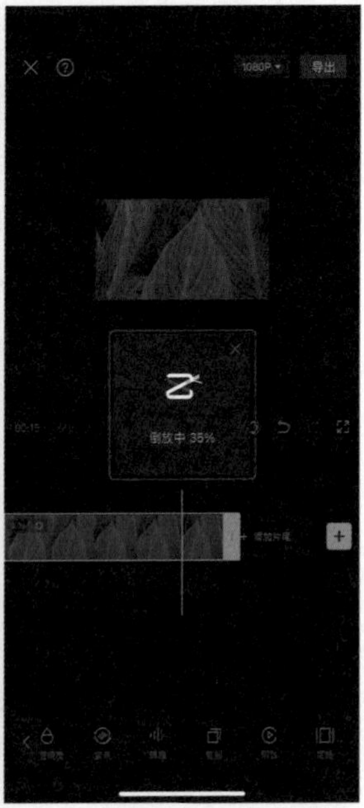

将视频倒放

4.3.18 利用定格功能制作卡点视频

利用“定格”工具可对选中的视频素材进行定格处理。定格的含义就是静帧，是指视频突然停止在某一个画面上，利用“定格”工具可以非常轻松地制作卡点视频。

将时间轴竖线定位至需要定格的时间点，点击“定格”按钮，视频素材就会被分割，时间轴竖线后面会多出一段定格画面素材，定格时长默认是 3 秒，我们可根据需求拖动白色图标调整定格画面时长。

点击“定格”按钮　　增加 3 秒定格画面　　调整定格画面时长

点击“|”按钮，选择一个转场效果，再点击“ √ ”按钮，即可为这段定格视频添加转场效果。

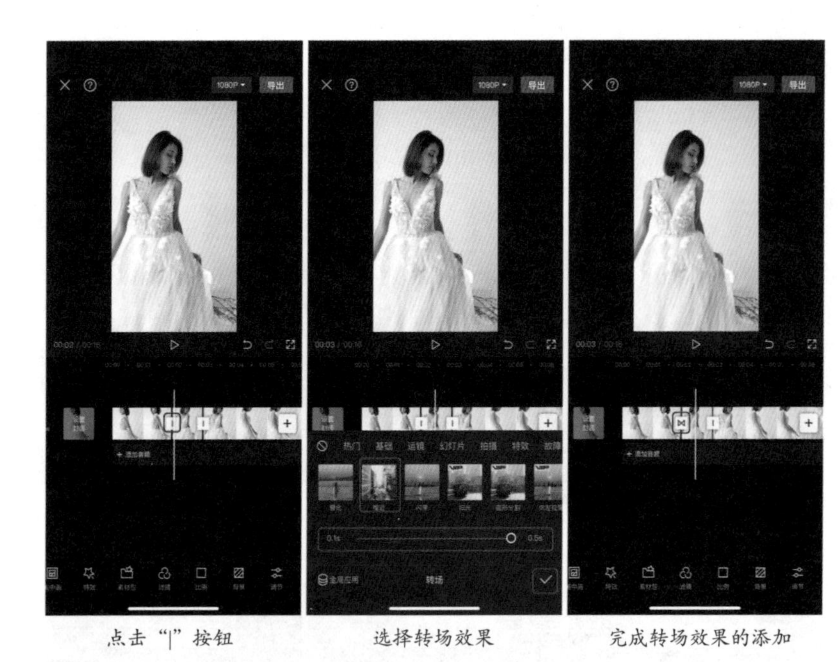

点击“|”按钮　　选择转场效果　　完成转场效果的添加

点击“全局应用”和“√”按钮

为所有视频添加同一转场效果

如需将多段视频素材的转场效果同步，可在选择转场效果后点击“全局应用”按钮，再点击“ √ ”按钮，即可为全部视频素材添加同样的转场效果。此方法可用于制作卡点视频。

以上就是剪映 App 常用的基础剪辑工具。学会了视频的基础剪辑工具之后，就可以继续学习其他的工具了，例如给视频添加音频、字幕、滤镜、特效等，让视频内容变得更加丰富有趣。

4.4 短视频音频编辑

本节讲解短视频的音频编辑知识，并对音频剪辑的常用方法进行讲解。一段完整的短视频是由画面和音频两部分组成的。短视频中的音频包括背景音乐、视频原声、声音特效和后期录制的旁白等。音频在短视频中的作用越来越强，能够强调和支撑整个视频的基调和风格。

4.4.1 静音

视频素材默认是有声音的，如果想去除视频原声，并添加背景音乐或音效去丰富视频带给观者的视听感受，可以将视频静音。

在剪映 App 中实现视频静音的方法有以下三种。

删除音频素材（适用于音频素材）

在剪辑轨道区选中音频素材，然后点击底部工具栏中的“删除”按钮，将音频素材删除，可以达到视频静音的目的。

音量调整（适用于视频素材和音频素材）

在剪辑轨道区选中需要静音的视频素材或音频素材，然后点击底部工具栏中的“音频”|“音量”按钮，将音量滑块拖至最左侧“0”处并点击“√”按钮，即可实现视频静音。

选中音频素材并点击“删除”按钮　　删除音频素材

点击“音频”按钮

点击“音量”按钮

将音量调整为 0，实现静音

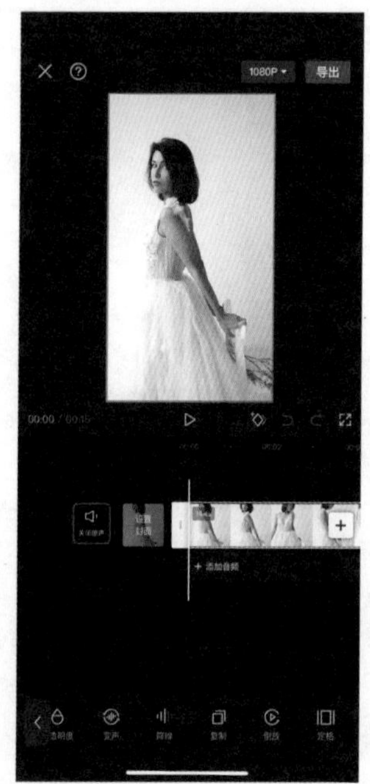

点击“关闭原声”按钮

关闭视频原声（适用于视频素材）

剪辑轨道区有“关闭 / 开启原声”按钮。点击“关闭原声”按钮，可以关闭剪辑轨道中所有视频素材的原声，从而实现视频静音。

4.4.2　调节音量

选中想要调整音量的素材，点击“剪辑”｜“音量”按钮，进入“音量”调整界面。根据数值提示左右拖动音量滑块即可改变选中的音频素材的音量，完成调节后点击“ √ ”按钮，即可返回剪辑工具栏。

小贴士

“音量”功能和“关闭 / 开启原声”功能不同，“音量”功能仅支持对选中的一段视频素材的音量进行调整，而“关闭 / 开启原声”功能则是针对轨道中所有视频素材的音量进行调整。

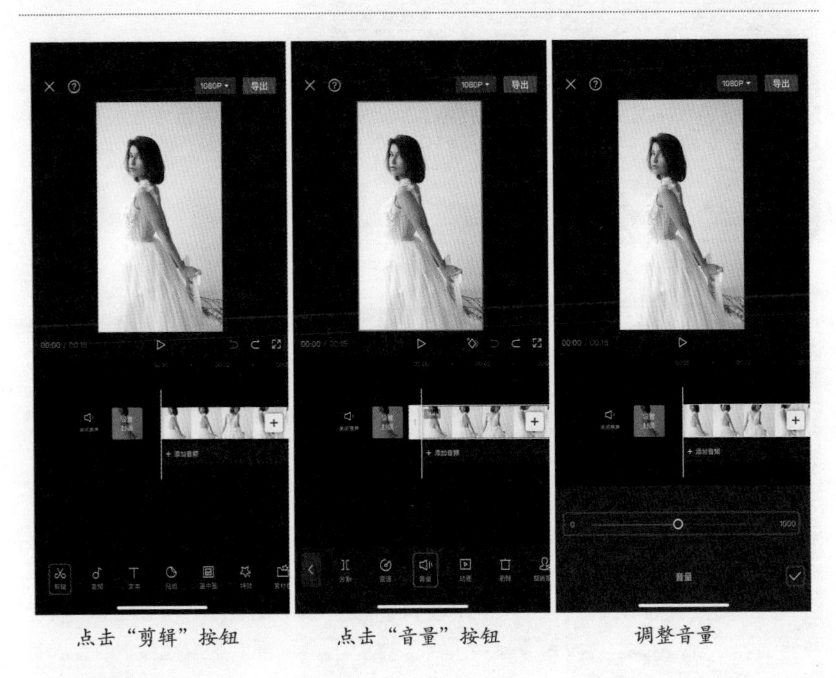

点击“剪辑”按钮　　　点击“音量”按钮　　　调整音量

4.4.3　视频降噪

在拍摄的过程中受环境因素的影响，拍出来的视频通常会出现杂音。视频原声中的噪声太大会影响视听感受。此时，可以使用剪映 App 的“降噪”功能，降低视频中的噪声，提升视频的质量。

选取需要进行降噪处理的视频素材，点击“剪辑”｜“降噪”按钮，开启“降噪开关”，等待降噪完成后，点击“ √ ”按钮，即可完成降噪的处理。

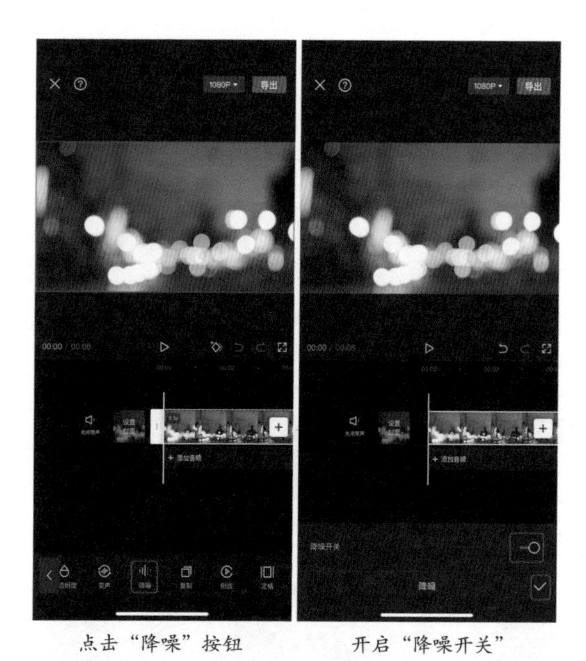

点击“降噪”按钮　　开启“降噪开关”

4.4.4 添加音乐

在剪映 App 中可添加软件自带音乐以外的音乐到视频中。添加音乐有以下几种方式：在乐库中选择音乐、添加抖音收藏的音乐、通过链接下载音乐、提取视频中的音乐及导入本地音乐。

在乐库中选择音乐

剪映 App 的音乐素材库中提供了不同类型的音乐素材。点击“音频”｜“音乐”按钮，进入“添加音乐”界面。

点击“音频”按钮　　点击“音乐”按钮

音乐素材库包含“抖音”“卡点”“纯音乐”“VLOG”“旅行”“毕业季”等分类音乐题材，每个题材下有对应类型的音乐。用户可根据音乐类别挑选适合视频风格的背景音乐，也可以在搜索框里直接搜索音乐名称进行查找。在音乐素材库中，点击任意一首音乐，即可进行试听。点击“收藏”按钮，即可将音乐添加至音乐素材库的“我的收藏”中，方便下次使用。

点击“下载”按钮，即可下载音乐，下载完成后会自动进行播放，并且音乐素材右侧会出现“使用”按钮。点击“使用”按钮，即可将音乐添加至剪辑项目。

音乐素材库

点击“下载”按钮

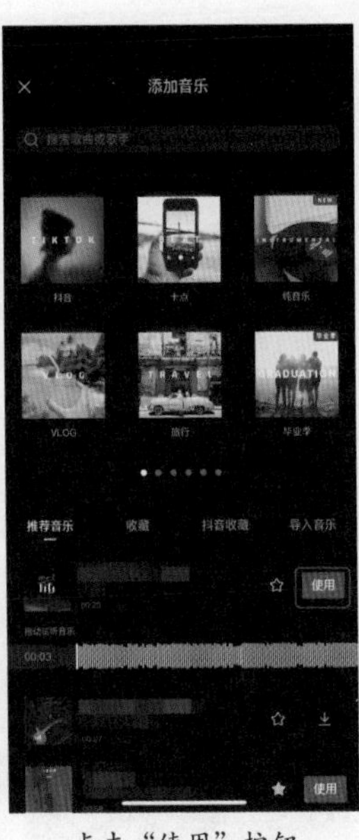

点击“使用”按钮

添加音乐后的界面

点击“我的”按钮　　　　登录抖音账号

添加抖音收藏的音乐

剪映 App 支持在剪辑项目中添加抖音收藏的音乐。在添加音乐之前需要将抖音账号和剪映账号关联，这样才能直接在剪映 App 中获取抖音收藏的音乐。用抖音账号登录剪映 App 的方法很简单，打开剪映 App，点击“我的”按钮，然后在打开的登录界面中点击“抖音登录”按钮即可。

在剪映 App 中添加抖音收藏的音乐的方法也非常简单。在未选中素材的状态下，点击底部工具栏中的“音频”按钮，然后在音频工具栏中点击“抖音收藏”按钮，进入音乐素材库中的“抖音收藏”界面，即可查看抖音中收藏的所有音乐。

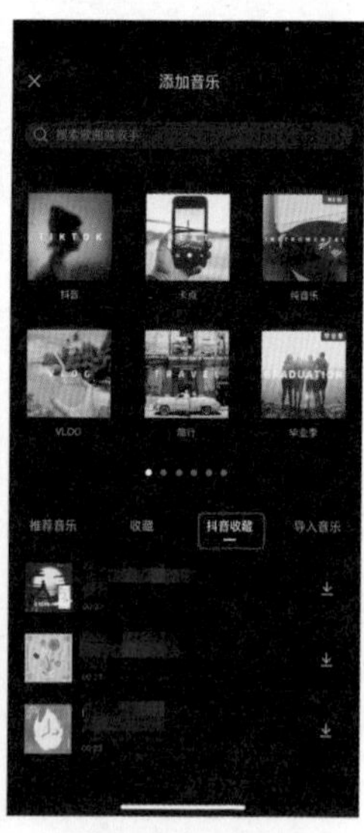

点击“音频”按钮　　点击“抖音收藏”按钮　　“抖音收藏”界面

点击任意一个音乐素材右侧的“下载”按钮，即可下载音乐，下载完成后会自动进行播放，并且音乐素材右侧会出现“使用”按钮，点击“使用”按钮，即可将抖音收藏的音乐添加至剪辑项目。

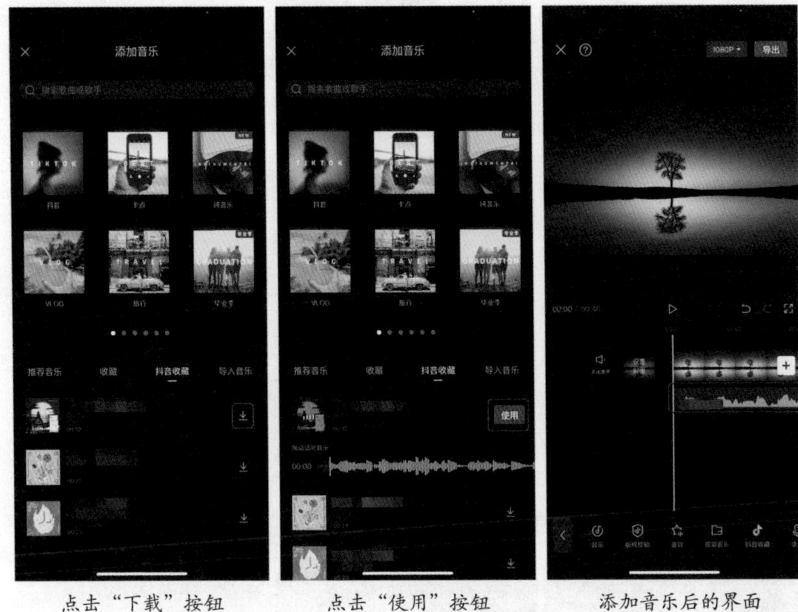

点击“下载”按钮　　点击“使用”按钮　　添加音乐后的界面

通过链接下载音乐

通过链接下载音乐的方法非常简单，在剪映 App 的音乐素材库中点击“导入音乐”按钮，然后点击“链接下载”按钮，在抖音或者其他平台复制视频或音乐链接，再粘贴到输入框中，即可点击下载音乐。

小贴士

在使用其他平台的音乐素材前，需要与该平台或音乐创作者签订使用协议，避免发生音乐版权的侵权行为。

点击“导入音乐”按钮　　　下载其他平台的音乐

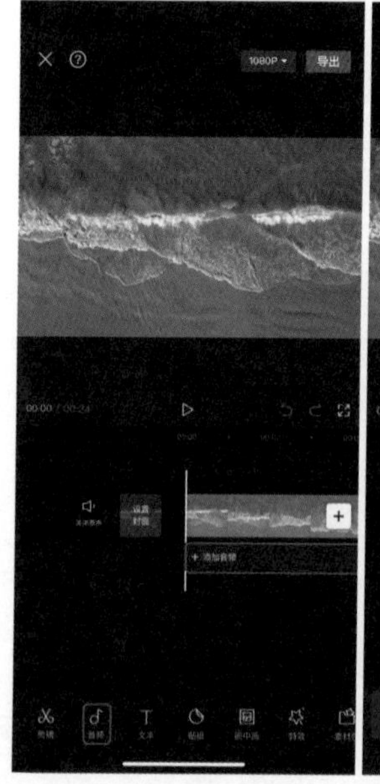

点击“音频”按钮

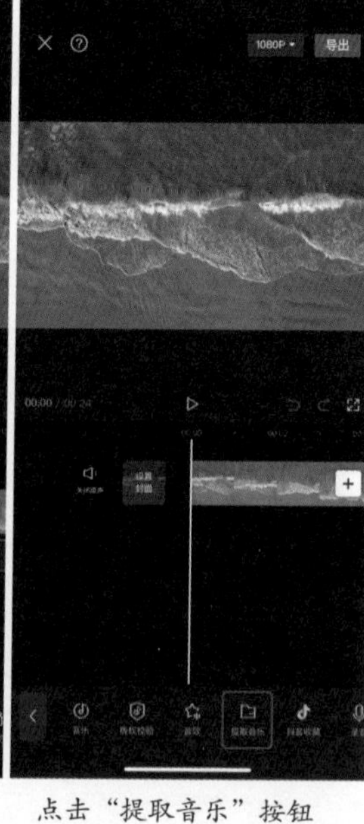

点击“提取音乐”按钮

提取视频中的音乐

剪映 App 支持对带有音乐的视频进行音乐的提取，并将提取出来的音乐单独应用到剪辑项目。提取音乐的方法有两种。

在未选中素材的状态下，点击“添加音频”或“音频”按钮，然后在打开的音频工具栏中点击“提取音乐”按钮，进入音乐素材选择界面。

选择一段带有音乐的视频素材，点击“仅导入视频的声音”按钮，即可将提取出来的音乐单独添加至剪辑项目。

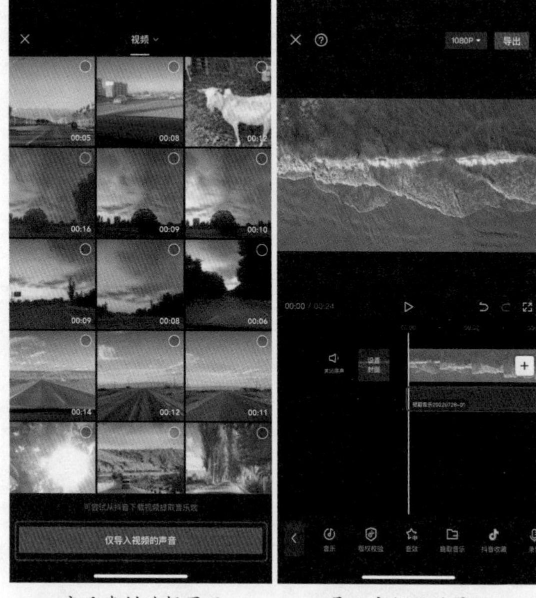

音乐素材选择界面　　导入音频后的界面

在剪映 App 的音乐素材库中点击“导入音乐”按钮，然后点击“提取音乐”按钮，接着点击“去提取视频中的音乐”按钮。

然后在打开的素材选择界面中选择一段带有音乐的视频，点击“仅导入视频的声音”按钮，视频中的背景音乐将被提取到音乐素材库。

点击音乐素材右

提取音乐界面

选择要提取背景音乐的视频

侧的“使用”按钮，即可将提取出来的音乐单独添加至剪辑项目。

如果想要将导入音乐素材库的音乐素材删除，可以长按音乐素材（或向左滑动音乐素材），点击唤出的“删除”按钮，然后在打开的对话框中点击“删除”按钮即可。

使用音乐

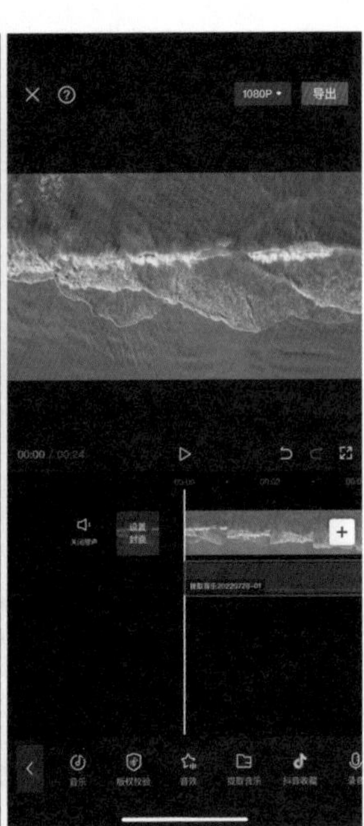

添加音乐后的界面

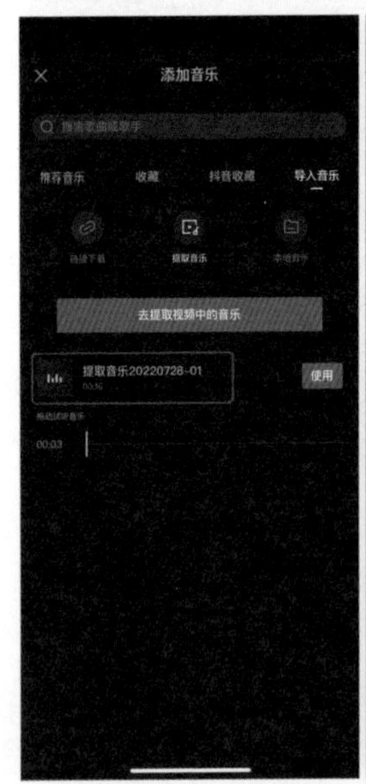

长按音乐素材

点击“删除”按钮

确认删除音乐素材

导入本地音乐

如果你的手机中有保存好的音乐，可以直接在音乐素材库中进行选择和使用。在剪映 App 的音乐素材库中点击“导入音乐”按钮，然后点击“本地音乐”按钮，即可对手机中下载的音乐进行调取使用。

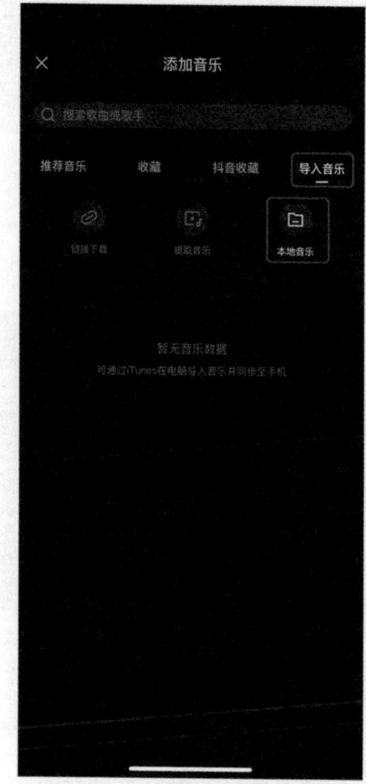

导入音乐界面

4.4.5 音频的处理

剪映 App 提供了较为完备的音频处理功能，除了添加音频以外，还支持在剪辑项目中对音频素材进行音量调整、淡化、复制、分割、删除和降噪等处理。

添加音效

我们在看一些搞笑题材短视频时，经常能听到一些滑稽的音效，获得一种轻松愉悦的观感。添加音效也是为短视频增加趣味的方法之一。

添加音效的方法和添加音乐的方法类似。首先，将剪辑轨道区的时间轴竖线定位至需要添加音效的时间点，在未选中素材的状态下，点击“添加音频”按钮或点击底部工具栏中的“音频”按钮，然后点击“音效”按钮，即可打开音效选择界面，可以看到“收藏”“热门”“笑声”“综艺”“机械”“BGM”等不同类别的音效。

点击“添加音频”或“音频”按钮

点击“音效”按钮

音效选择界面

点击任意一个音效素材右侧的“下载”按钮，即可下载该音效。完成下载后会自动播放该音效，并在该音效素材右侧出现一个“使用”按钮。点击“使用”按钮，即可将该音效添加至剪辑项目。

点击“下载”按钮

点击“使用”按钮

添加音效后的界面

音频的淡化处理

为音频添加淡化效果的方法非常简单。在剪辑轨道区中选中音频素材，然后点击底部工具栏中的“淡化”按钮，即可设置音频的淡入时长和淡出时长，设置完成后点击“√”按钮。为音频素材的开头和结尾添加淡化效果，可以有效降低音乐进出场时的不和谐感。

点击“淡化”按钮　　调整淡化时长

复制音频

如果需要重复利用某段音频素材，可以选中该音频素材进行复制操作。

复制音频时，先在剪辑轨道区选中需要复制的音频素材，然后点击“复制”按钮，即可得到一段同样的音频，复制的音频会自动显示在原音频的后方。

如果原音频素材的后方位置被占用，则复制的音频会自动分到新的轨道，但始终在原音频的后方。

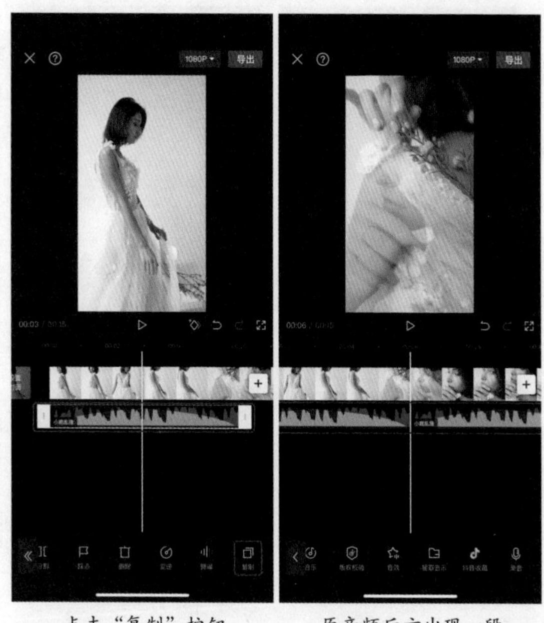

点击“复制”按钮　　原音频后方出现一段同样的音频

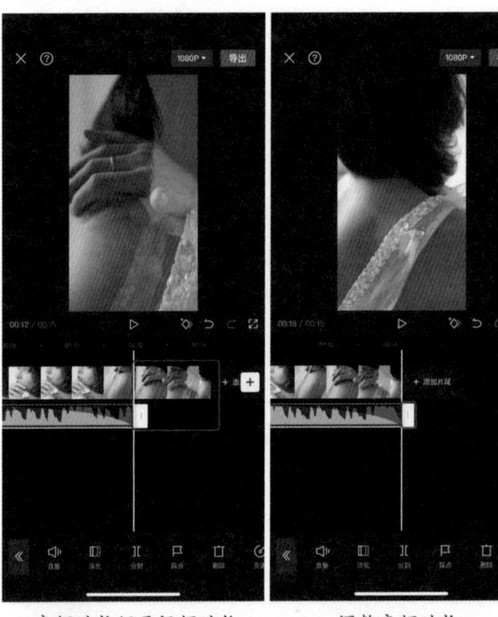

音频时长短于视频时长　　调整音频时长

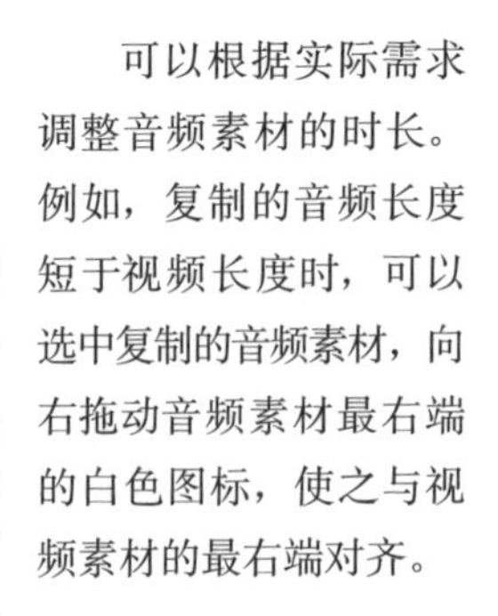

可以根据实际需求调整音频素材的时长。例如，复制的音频长度短于视频长度时，可以选中复制的音频素材，向右拖动音频素材最右端的白色图标，使之与视频素材的最右端对齐。

分割音频

首先选中要分割的音频，然后将时间轴竖线定位在需要分割的时间点，再点击“分割”按钮，即可完成音频分割。

选中要分割的音频

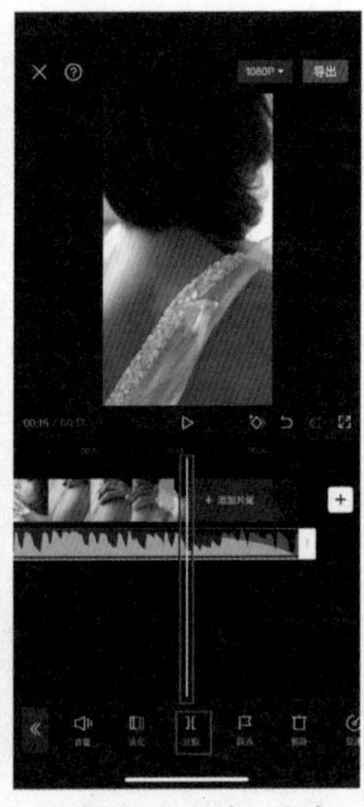

定位时间轴竖线，点击“分割”按钮

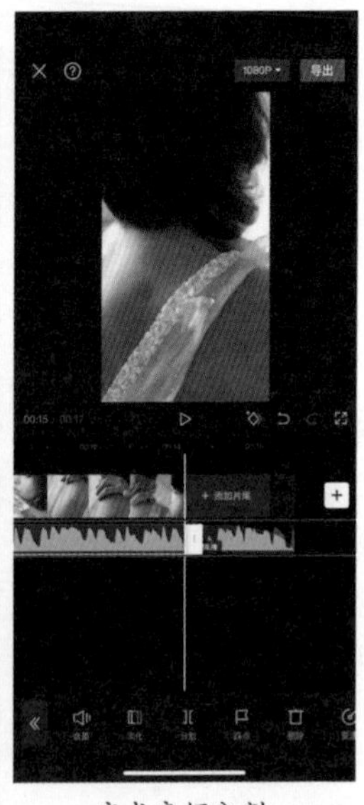

完成音频分割

删除音频

点击“删除”按钮，可将选中的音频删除。当音频长度长于对应视频素材时，可以切割多余的音频并删除，以保持视频和音频的时长相同。

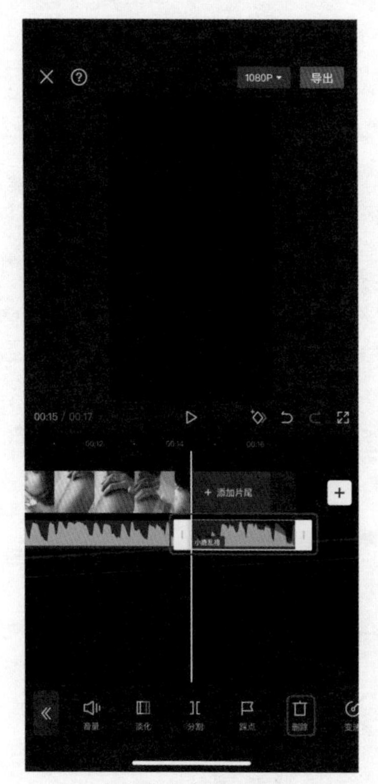

切割多余音频并删除

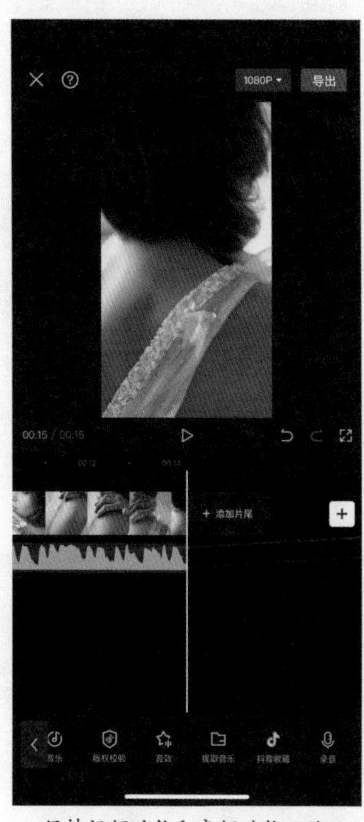

保持视频时长和音频时长一致

4.4.6　声音的录制和编辑

声音录制

剪映 App 的录音功能可以实现声音的录制和编辑工作。录制声音时要尽量选择安静且没有回音的环境，在小房间内录制效果较好。

开始录音前，先将时间轴竖线定位至音频开始处，点击“音频”按钮，再点击“录音”按钮，这时会看到一个红色的“录制”按钮。

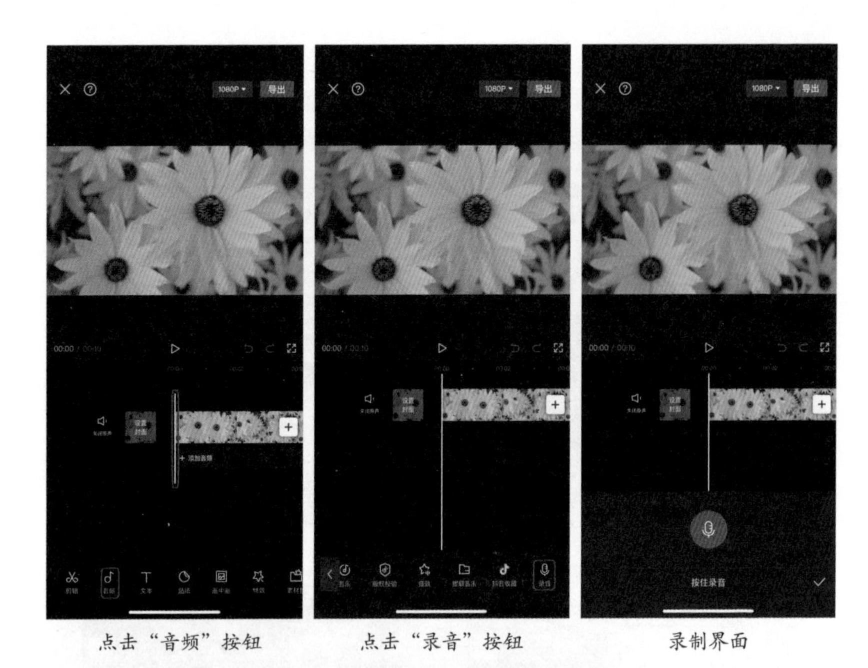

点击“音频”按钮　　点击“录音”按钮　　录制界面

按住“录制”按钮录入旁白

释放“录制”按钮，单击“√”按钮，完成录音

按住“录制”按钮，同时录入旁白，此时剪辑轨道区将会生成音频素材。完成录制后释放“录制”按钮，即可停止录音。点击右下角的“√”按钮，即可完成声音的录制。

变声效果的制作

在不想使用自己原本的声音作为旁白声音时，可以使用“变声”功能，改变声音的音色。

完成旁白的录制后，选中音频素材，点击“音频”｜“变声”按钮，进入变声选择界面，其中有“萝莉”“大叔”“女生”“男生”等声音选项，可自行选择声音效果。例如，这里选择“萝莉”声音选项，点击“√”按钮，即可完成变声的处理。

点击“变声”按钮

变声选择界面

音频变速效果的制作

选中音频素材，点击“变速”按钮，进入变速选择界面。左右滑动滑块设置变速数值，速度可设置为 0.1 倍～ 100 倍。在短视频应用中音频变速可以起到搞怪有趣的效果。

在进行音频变速操作时，如果想对旁白声音进行变调的处理，点击界面左下角的“声音变调”按钮，音调将会发生改变。完成后点击“√”按钮。

点击“变速”按钮

变速选择界面

声音变调处理

4.4.7 制作音乐卡点视频

各大短视频平台的卡点视频都很火爆，卡点的目的就是使视频画面与音乐鼓点相匹配，让整体节奏更流畅，让视频更动感。下面我们介绍两种音乐卡点方法。

点击“音频”按钮　点击“音乐”按钮

音乐手动踩点

下面以制作图片卡点为例，演示音乐手动踩点的操作方法。

首先将多张图片导入剪辑项目，然后点击“音频”按钮，进入音频工具栏，再点击“音乐”按钮，进入音乐素材库。

在音乐素材库“卡点”分类中选择一首音乐，点击音乐素材右侧的“使用”按钮，将其添加至剪辑项目。

选择“卡点”分类

选择并使用音乐

添加音乐后的界面

添加背景音乐后，根据背景音乐的节奏进行手动踩点。选中音乐素材后点击“踩点”按钮，进入音乐踩点界面。

点击“踩点”按钮

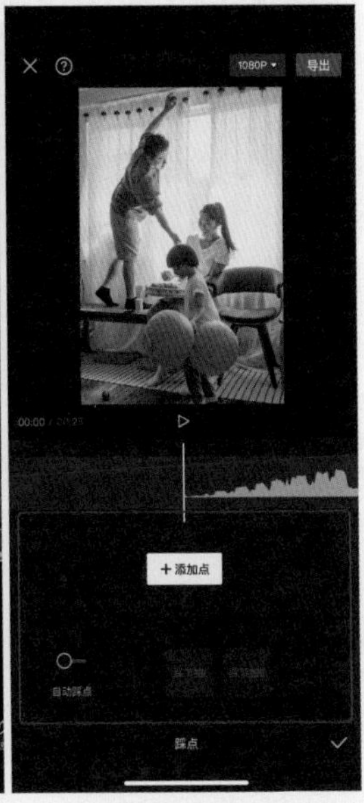

音乐踩点界面

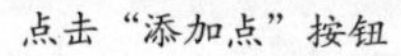
点击“添加点”按钮

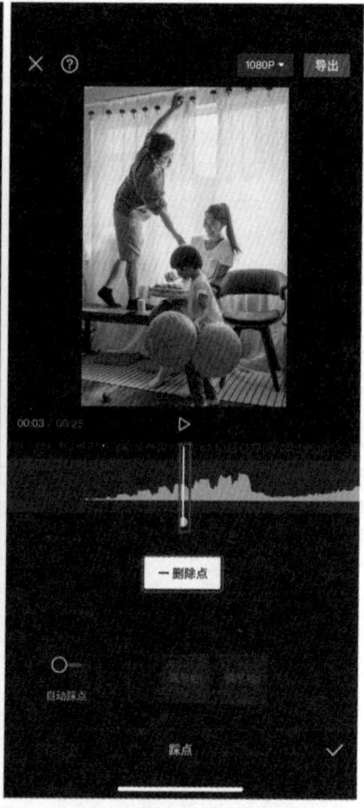

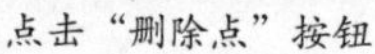
点击“删除点”按钮

在打开的音乐踩点界面中，将时间轴竖线定位至需要标记的时间位置，点击“添加点”按钮，此时时间轴竖线所处的位置会添加一个黄色的标记点。如果需要删除标记点，点击“删除点”按钮即可。

添加标记点

完成音乐踩点的界面

用上述方式添加多个标记点，对所有踩点处进行标记，完成后点击“ √ ”按钮。此时，在剪辑轨道区可以看到刚刚添加的标记点。

根据标记点所在的位置对图片素材的显示时长进行调整，使图片的切换时间点与音乐的节奏点匹配，完成卡点视频的制作。

最后点击界面右上角的“导出”按钮，将视频导出。

调整图片素材显示时长，制作卡点效果

完成并导出视频

视频导出界面

音乐自动踩点

剪映 App 提供音乐自动踩点功能，使用该功能即可在音乐上一键自动标记节奏点。自动踩点功能更加方便、高效和准确，建议使用自动踩点功能。

首先，将视频素材导入剪辑项目，此时时间轴竖线在视频的起始位置，点击“音频”按钮，打开音频工具栏，然后点击“音乐”按钮，进入音乐素材库。

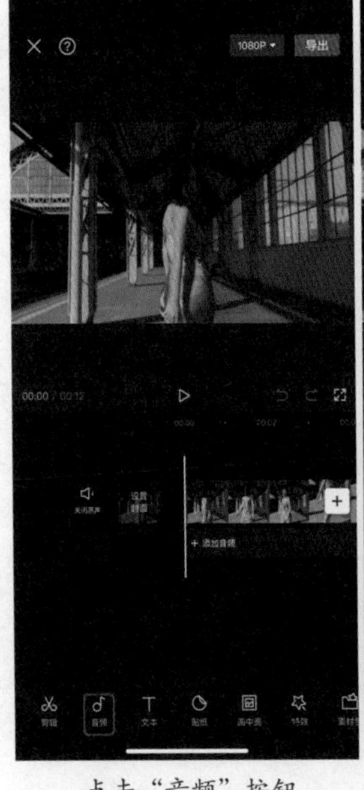

点击“音频”按钮

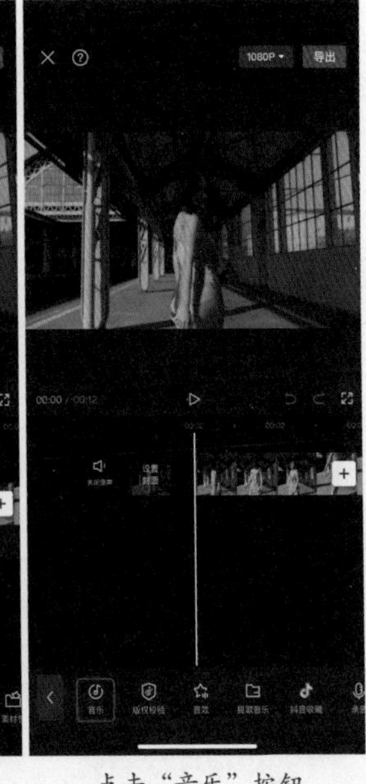

点击“音乐”按钮

在“卡点”分类中选择一首音乐，点击音乐素材右侧的“使用”按钮，将其添加至剪辑项目。

选择“卡点”分类

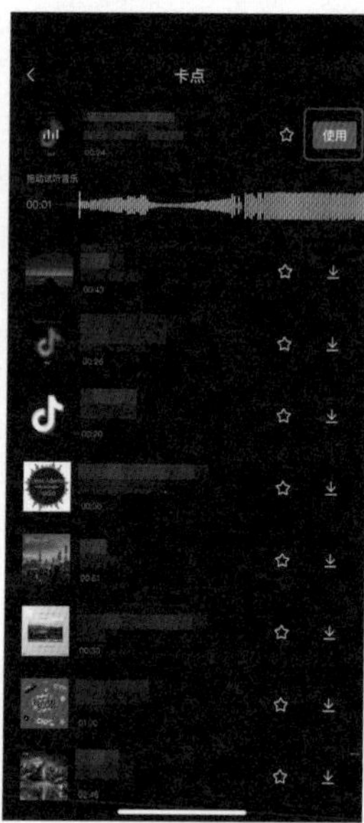

选择并使用卡点音乐

添加音乐后的界面

分割音乐

删除多余音乐

在剪辑轨道区选中音乐素材，将时间轴竖线定位至视频的结尾处，然后点击底部工具栏中的“分割”按钮，选中多余的音乐部分，点击“删除”按钮，将多余音乐删除。

选中裁剪好的音频，点击“淡化”按钮，进入淡化界面，调整淡入淡出时长，让音乐开头和结尾处更自然，完成后点击“√”按钮。

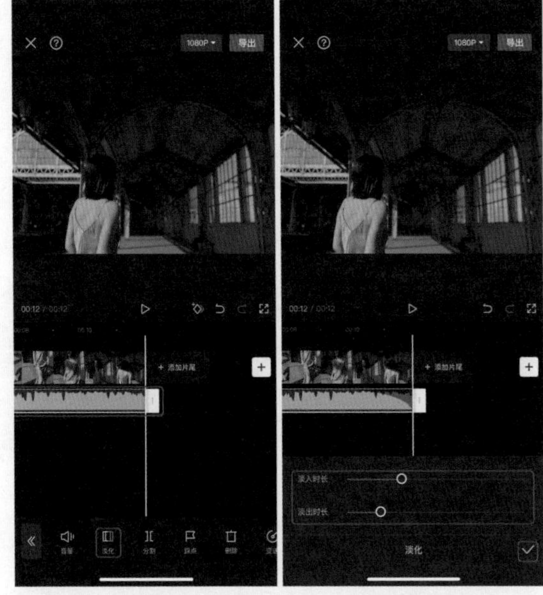

点击“淡化”按钮　　调整淡化时长

在剪辑轨道区选中音频，点击“踩点”按钮，进入踩点界面，开启“自动踩点”功能，然后根据个人喜好选择“踩节拍Ⅰ”或“踩节拍Ⅱ”模式。

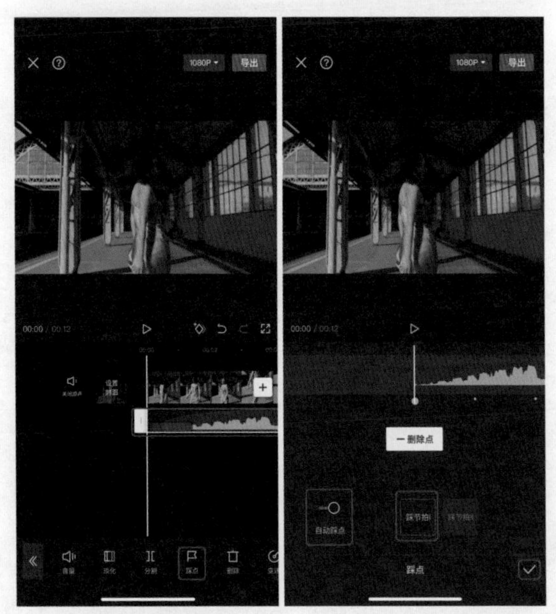

点击“踩点”按钮　　开启“自动踩点”功能并设置踩点模式

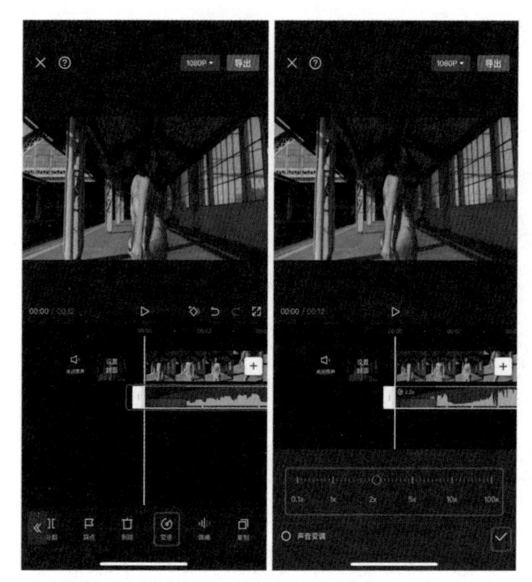
点击“变速”按钮　　调整播放速度

此时音乐下方会自动生成音乐节奏点标记，接下来要根据音乐的节奏点调整视频素材的时长，使视频播放与音乐的节奏点同步。

在剪辑轨道区选中音频，点击“变速”按钮，调整播放的速度，直到视频素材末尾处与节奏点重合。

视频素材与音乐节奏点同步后，还可添加转场效果，让视频素材之间的过渡更加自然。

在剪辑轨道区中，每两段视频素材之间都有一个“ | ”按钮。点击“ | ”按钮，即可进入转场选项栏，选择一个想要的转场效果，然后调整转场时长，接着点击“全局应用”按钮，将转场效果应用到全部视频上，完成后点击“ √ ”按钮。

剪辑轨道区

点击“ | ”按钮

设置转场效果

最后点击剪辑界面右上角的“导出”按钮，将视频导出。

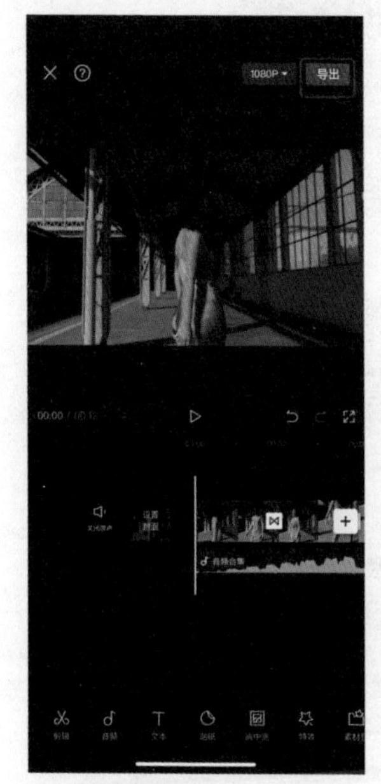

导出视频

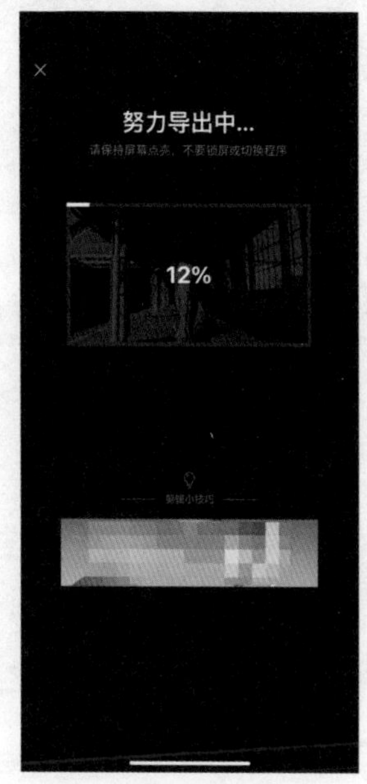

视频导出界面

剪映热门功能

4.5.1　添加文字等元素

打开剪映 App，点击“开始创作”按钮，选择一个带音乐的视频，点击“添加”按钮，将视频导入剪辑项目。

点击“开始创作”按钮　　素材选择界面

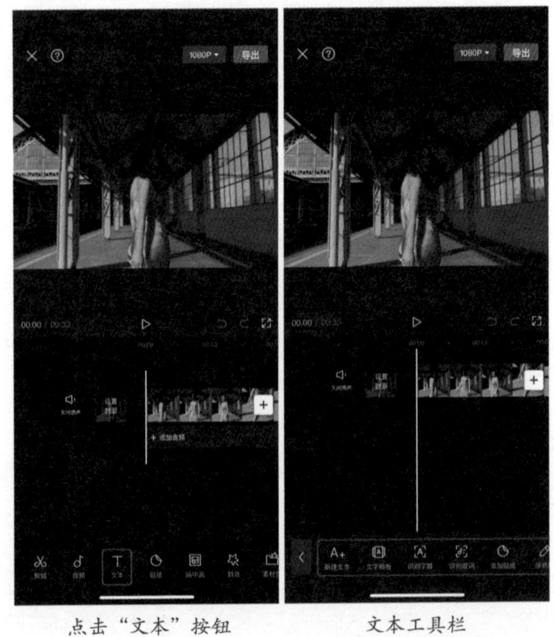

点击“文本”按钮　　文本工具栏

在未选中视频的状态下点击“文本”按钮，进入文本工具栏，其中有“新建文本”“文字模板”“识别字幕”“识别歌词”“添加贴纸”“涂鸦笔”等工具。

点击“新建文本”按钮后出现一个文本框，可以在文本框里面输入想要预设的文字。

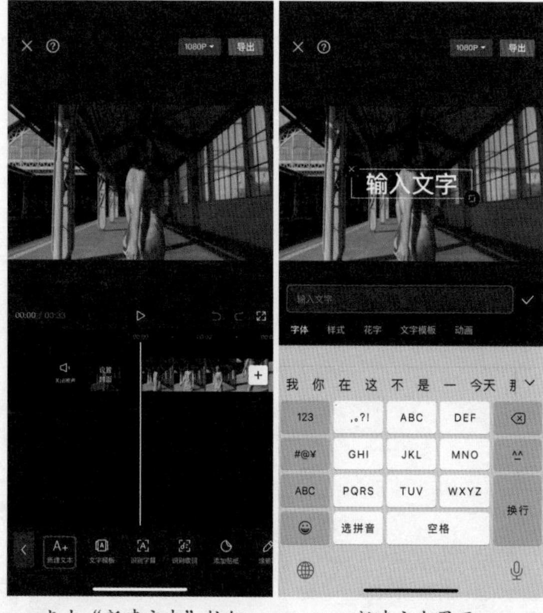

点击“新建文本”按钮　　新建文本界面

如有需要可选择添加喜欢的花字、动画等。例如，在文本框中输入“你好，夏天”，然后选择一个喜欢的花字效果，完成后点击“√”按钮。

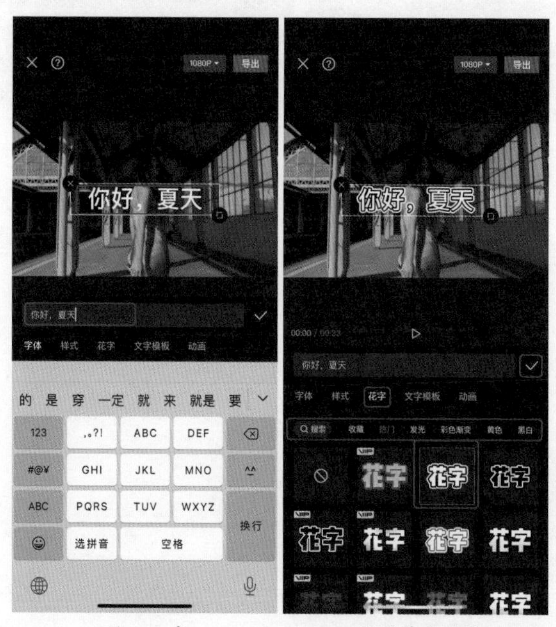

输入文字　　设置花字效果

可以根据视频需要选择使用文字模板和动画。

长按添加的文字可以移动它的位置。我们可以看到文字的白色边框的四个角处各有一个图标，点击左上角的“删除”图标可以删除这段文字，点击左下角的“复制”图标可以复制这段文字，点击右上角的“编辑”图标可以再次编辑这段文字，点击右下角的“缩放”图标可以放大、缩小和旋转这段文字。

选择文字模板　　设置文本动画效果　　文本编辑界面

点击“文本朗读”按钮，页面就会出现音色选择，其中包括“特色方言”“趣味歌唱”“萌趣动漫”等音色，每个音色下面还有细分的类型，选择其中一个，就可以进行文本朗读设置。

点击“文本朗读”按钮

选择朗读音色

点击“<<”按钮，返回上一级工具栏，点击“文字模板”按钮，其中有很多模板可供选择。

点击“<<”按钮，返回上一级工具栏

点击“文字模板”按钮

模板选择界面

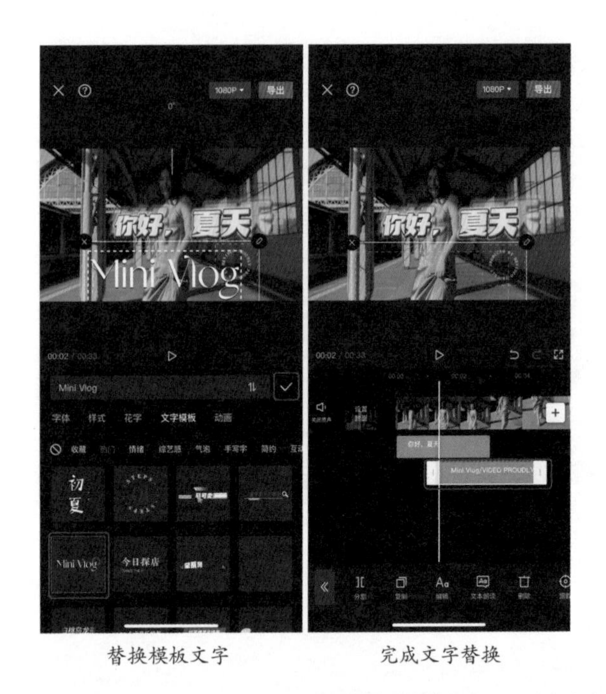

替换模板文字　　　　完成文字替换

模板中的文字是可以替换的，输入想要的文字后点击“√”按钮即可完成替换。

选取一个有歌词的视频，点击“识别歌词”按钮，再点击“开始识别”按钮，剪映 App 会把歌词智能识别出来，无须手动去添加。

点击“识别歌词”按钮

点击“开始识别”按钮

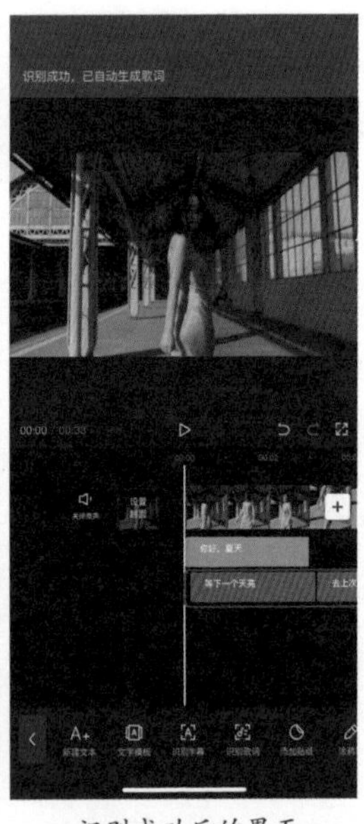

识别成功后的界面

点击歌词，歌词四周会出现白色边框，我们可以在此调节歌词的大小、颜色等，非常方便。例如，点击边框右下角的“缩放”图标可以放大、缩小和旋转歌词，点击边框右上角的“编辑”图标可以再次编辑歌词的样式、花字、文字模板和动画。点击“添加贴纸”按钮，可添加想要的贴纸到视频当中，长按贴纸可将贴纸移动到合适的位置。

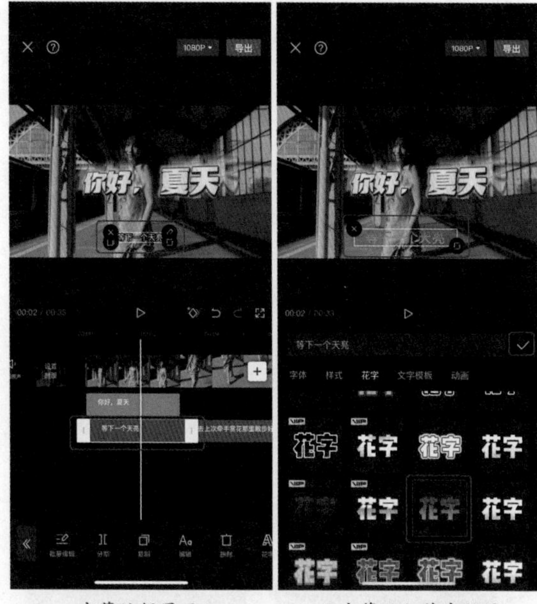

字幕编辑界面　　给字幕添加花字效果

点击“添加贴纸”按钮

贴纸选择界面

添加贴纸后的界面

识别字幕需返回剪映 App 主界面，点击“开始创作”按钮，重新导入一份作品，可以选择一张照片或一段没有音频的视频。下面我们以导入一张照片为例进行讲解。

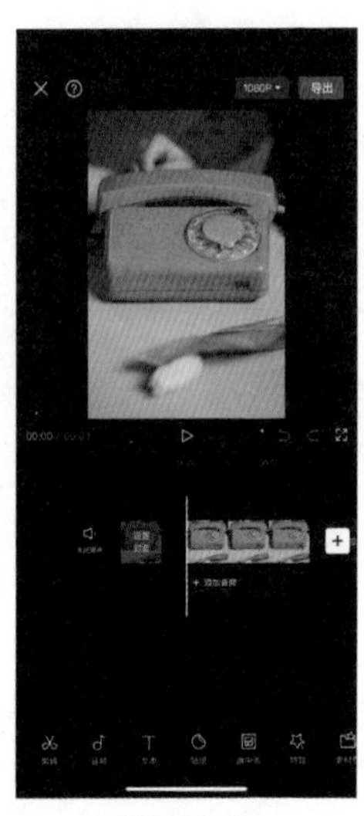

点击“开始创作”按钮　　素材选择界面　　剪辑界面

点击“音频”按钮，然后点击“录音”按钮，再长按“录制”按钮，随便录一段话。

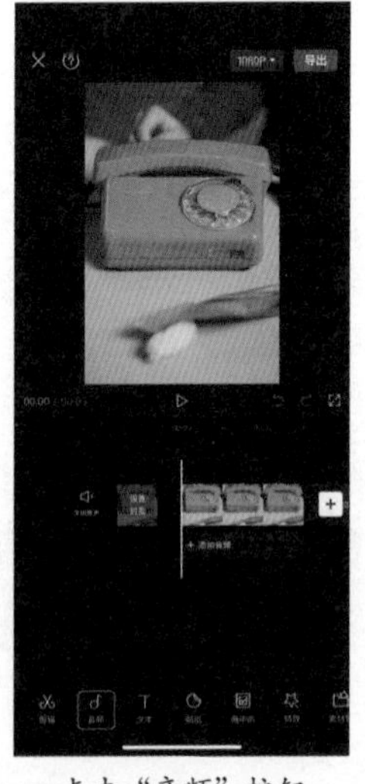

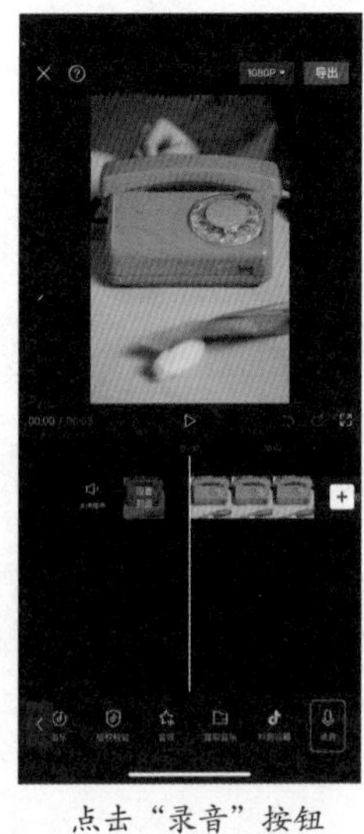

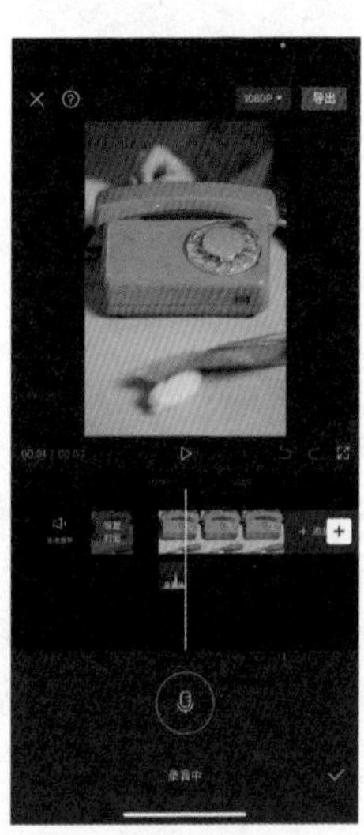

点击“音频”按钮　　点击“录音”按钮　　录制音频

导入的静态照片的播放时长有 3 秒，完成录音之后，调整静态照片的播放时长，以和音频时长保持一致。

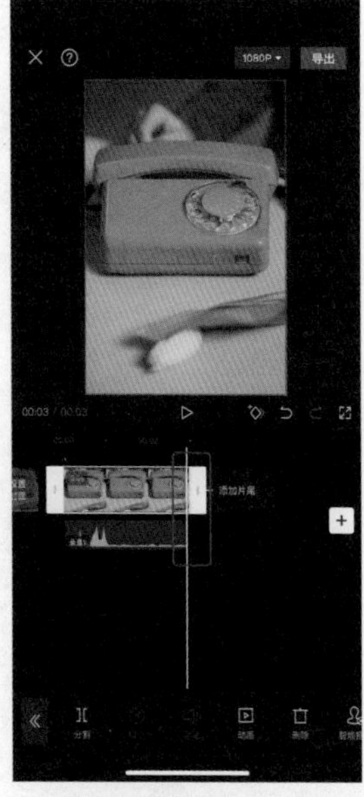

保持照片的播放时长和音频时长一致

然后点击“<”按钮，返回上一级工具栏，再依次点击“文本”按钮、“识别字幕”按钮。

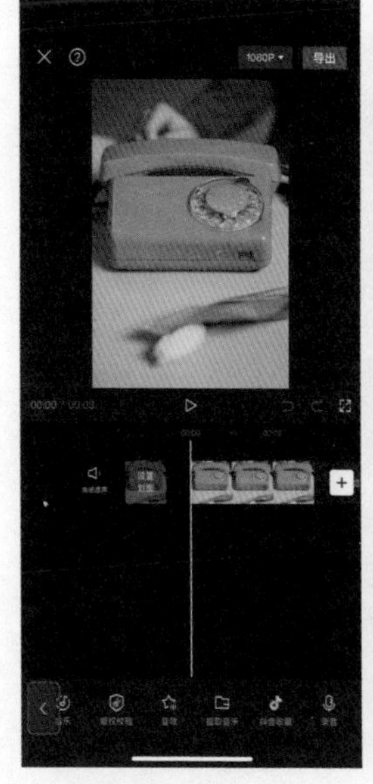

点击“<”按钮，返回上一级工具栏

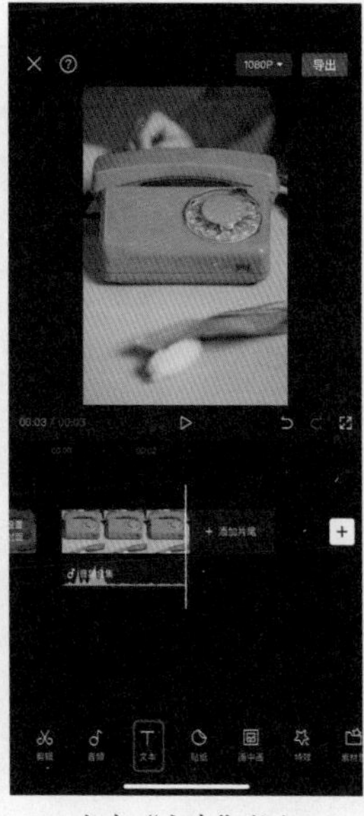

点击“文本”按钮

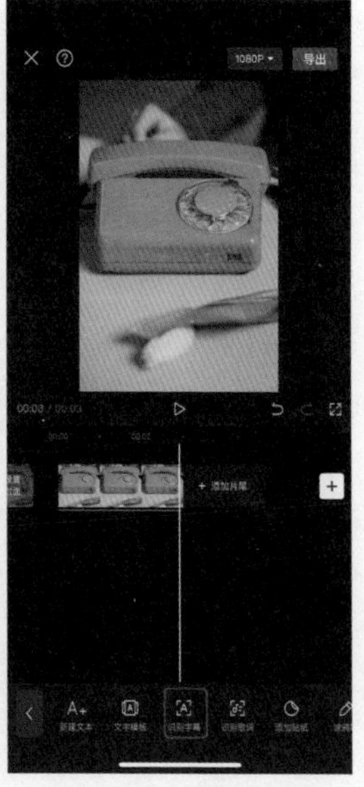

点击“识别字幕”按钮

最后点击“开始识别”按钮，录音的内容就会被自动识别为字幕。

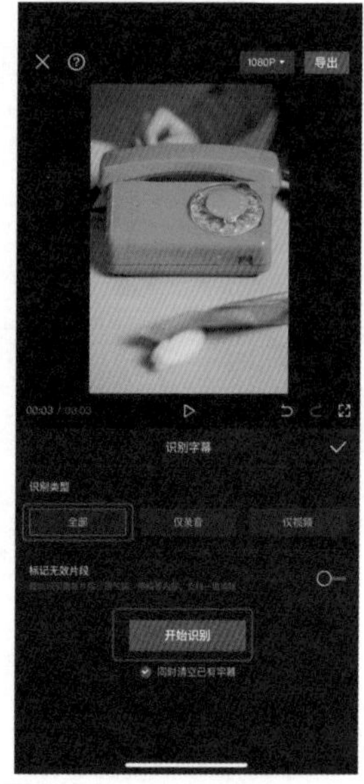

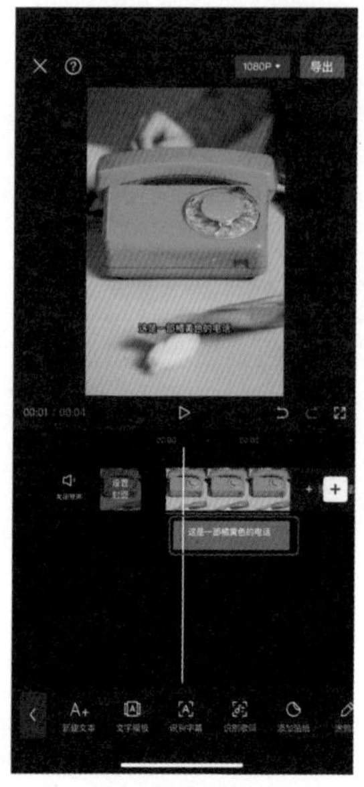

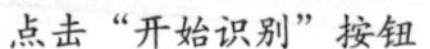
点击“开始识别”按钮　　　　完成字幕识别

字幕识别功能是一个非常实用的功能，在制作课程视频或一些需要字幕辅助的视频时，可以使用字幕识别功能进行自动识别。在遇到说话带口音的时候，字幕识别就会不太精准，需要对识别不准确的地方手动修改，但整体节奏和顺序都是一致的，比传统的字幕剪辑简单省时。

4.5.2 添加贴纸

打开剪映 App，点击“开始创作”按钮，选择一张图片并导入。

点击“贴纸”|“添加贴纸”按钮，可以看到“emoji”“热门”“遮挡”“指示”“爱心”等分类可供选择，也可在搜索框中输入文字查找相关的贴纸。这里选择一个自己喜欢的符合短视频风格的贴纸样式，完成后点击“√”按钮。

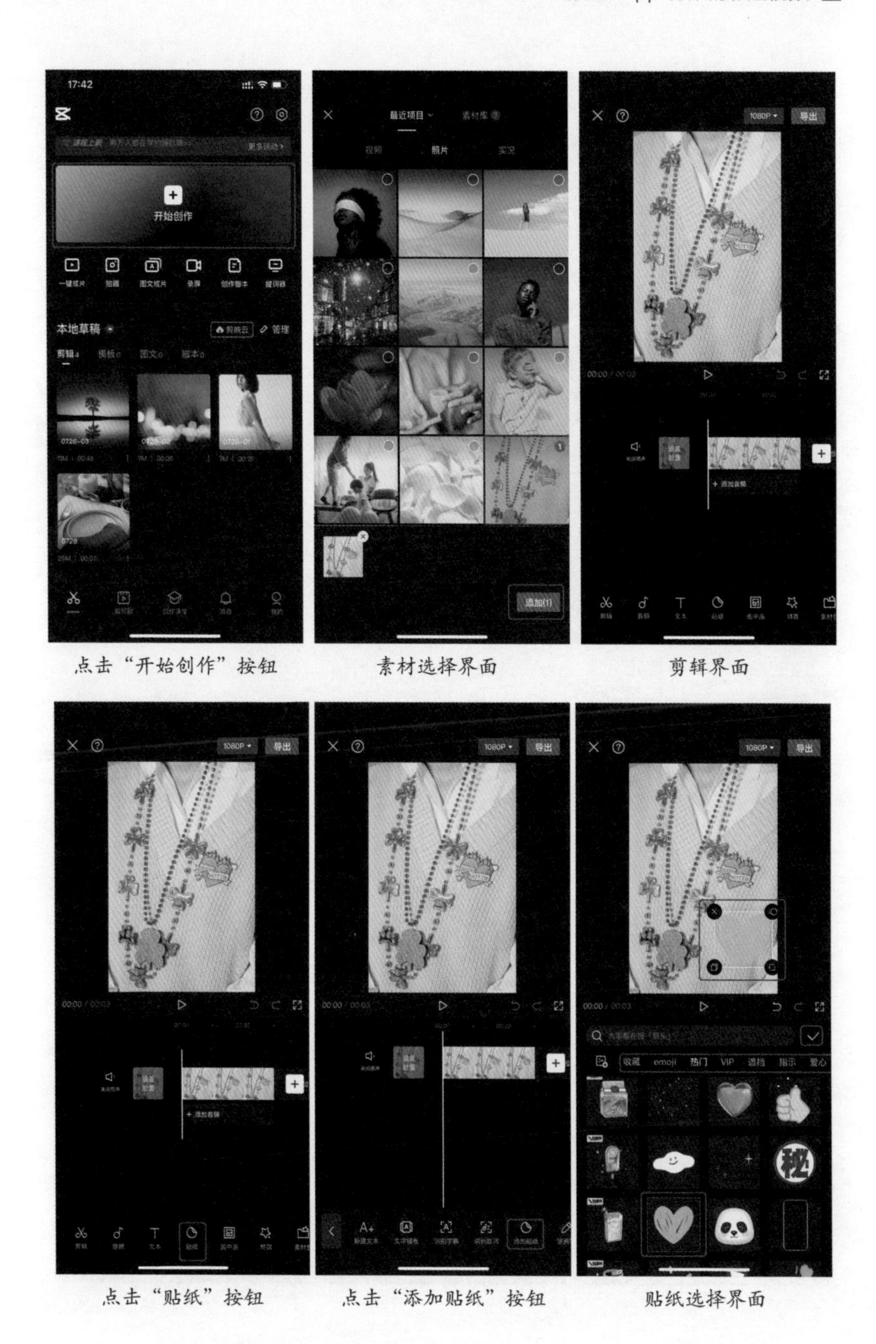

点击"开始创作"按钮　　素材选择界面　　剪辑界面

点击"贴纸"按钮　　点击"添加贴纸"按钮　　贴纸选择界面

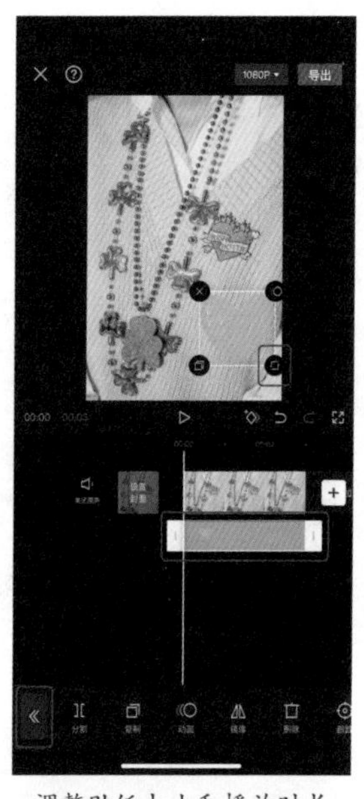

调整贴纸大小和播放时长

调整贴纸大小，然后把它的播放时长调整到合适的时长。完成后点击左下角的“<<”按钮，返回上一级工具栏。

给视频添加一段背景音乐。先点击“音频”按钮，再点击“音效”按钮，在音效选择界面里面选择合适的音效并使用。

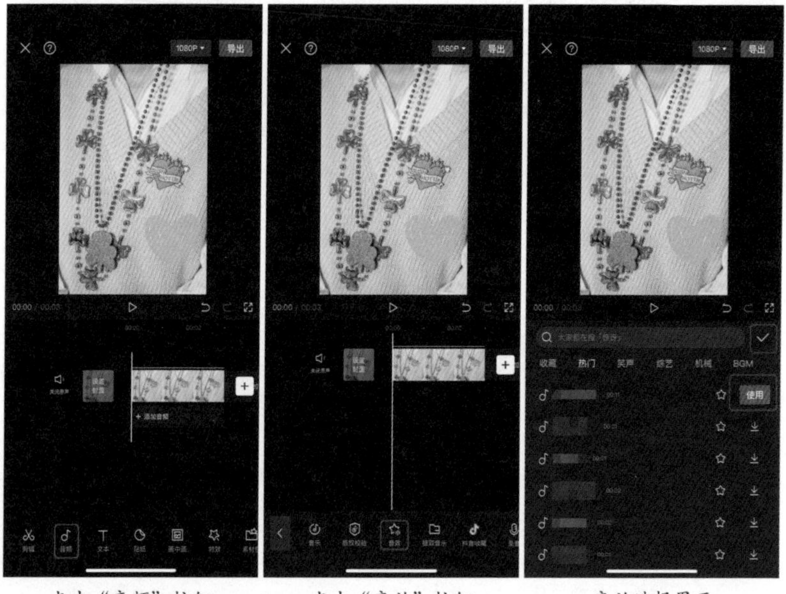

点击“音频”按钮　　点击“音效”按钮　　音效选择界面

这样，一个带有贴纸和背景音乐的视频就制作完成了。最后点击右上角的“导出”按钮，将视频导出。

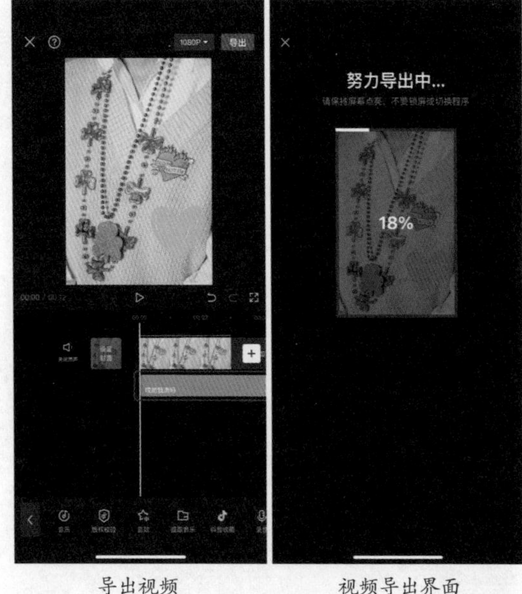

导出视频　　视频导出界面

4.5.3 制作画中画效果

认识画中画

本节介绍如何制作画中画效果。画中画（Picture in Picture）是一种常见的视频编辑技术，它可以在视频中嵌入另一个视频画面。这种技术常用于教育、演示、电影等领域。需要注意的是，视频中一直嵌入的文字内容，实际上也是一种画中画的表现形式。

在抖音搜索“电影”

电影题材类短视频的画中画效果

制作画中画效果

画中画模板可以应用到非常多的视频剪辑中，下面介绍如何使用剪映制作画中画效果。大家在剪辑类似好书推荐或者电影解说的视频时，如果需要这种字幕和标题相匹配的效果，都可以使用画中画模板。

首先，打开剪映 App，导入一段素材。点击“开始创作”按钮，选择视频素材，然后点击“添加”按钮。

如果这个视频本身是带有声音的，可以先把原声关闭。点击“关闭原声”按钮，即可关闭视频原声。

接下来就是给视频添加壁纸。点击“画中画”按钮，然后点击“新增画中画”按钮，接着在手机相册中选择壁纸。

点击“开始创作”按钮

素材选择界面

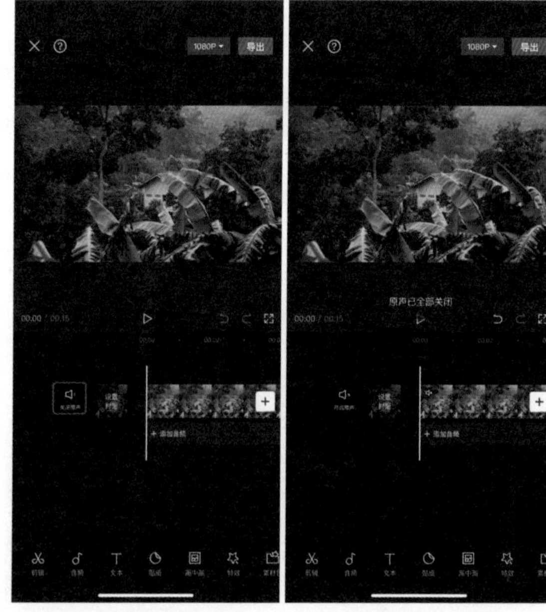

点击“关闭原声”按钮

关闭原声后的界面

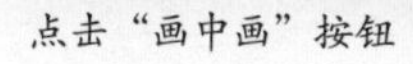
点击“画中画”按钮

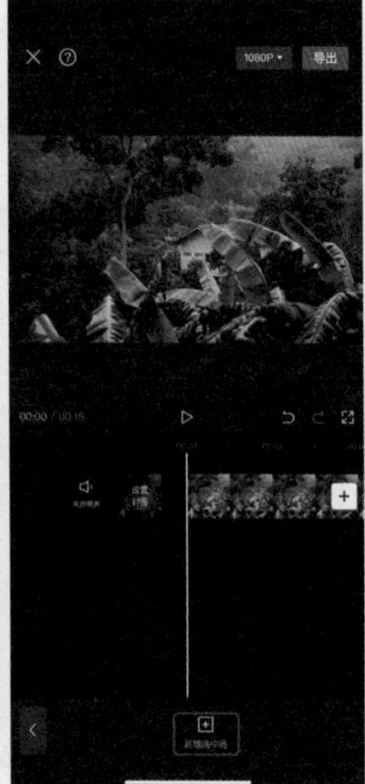

点击“新增画中画”按钮

画中画素材选择界面

接下来要把壁纸素材的时长拉到跟视频时长一样，这样壁纸才能覆盖整个视频。

双指同时按住壁纸可将壁纸进行旋转。长按壁纸并向上移动到视频的顶部。接下来再用同样的方法在视频底部添加一张同样颜色的壁纸。

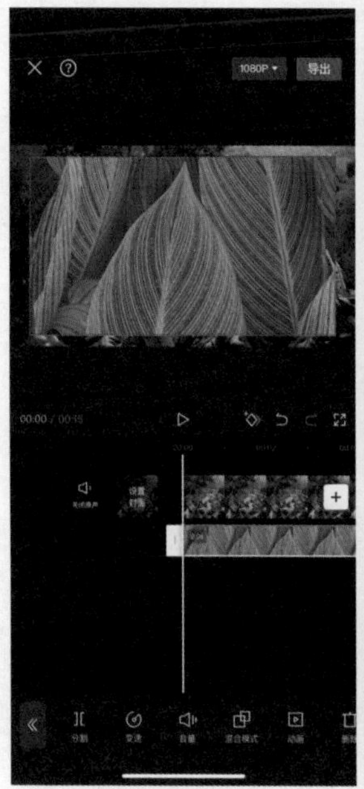

添加壁纸的界面

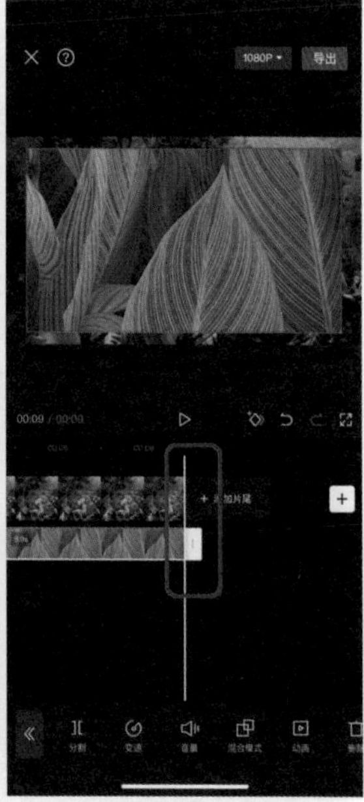

调整壁纸时长

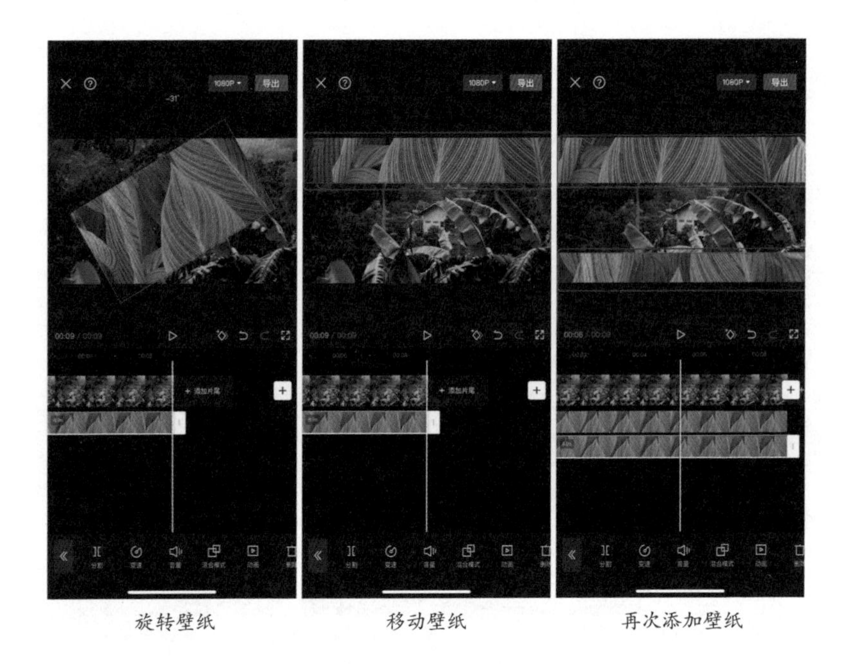

旋转壁纸　　移动壁纸　　再次添加壁纸

假设两个壁纸图层已经做完了，接下来就是往图层里面添加文字。点击左下角的“<<”按钮，再点击左下角的“<”按钮，回到一级工具栏。

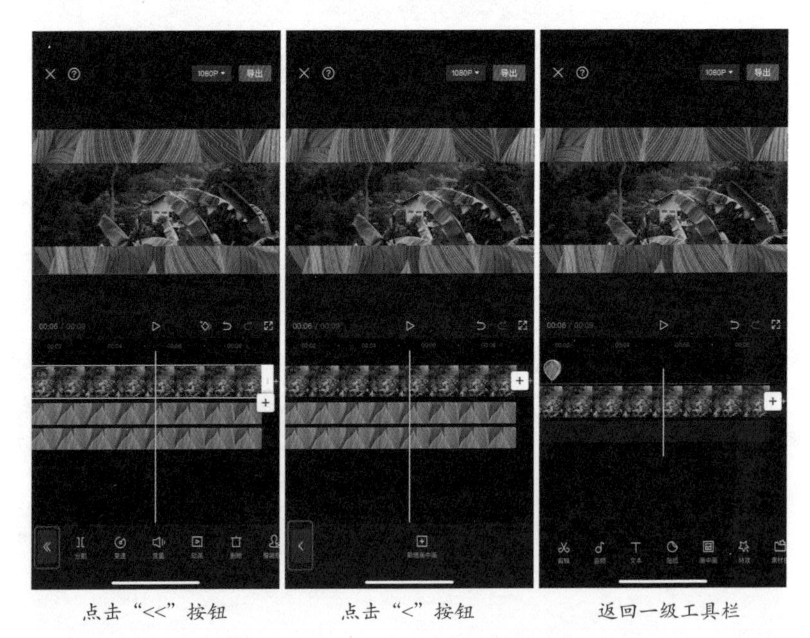

点击“<<”按钮　　点击“<”按钮　　返回一级工具栏

首先，在第一个图层添加文字。点击“文本”按钮，再点击“新建文本”按钮，在文本框中输入“雨中小屋”。

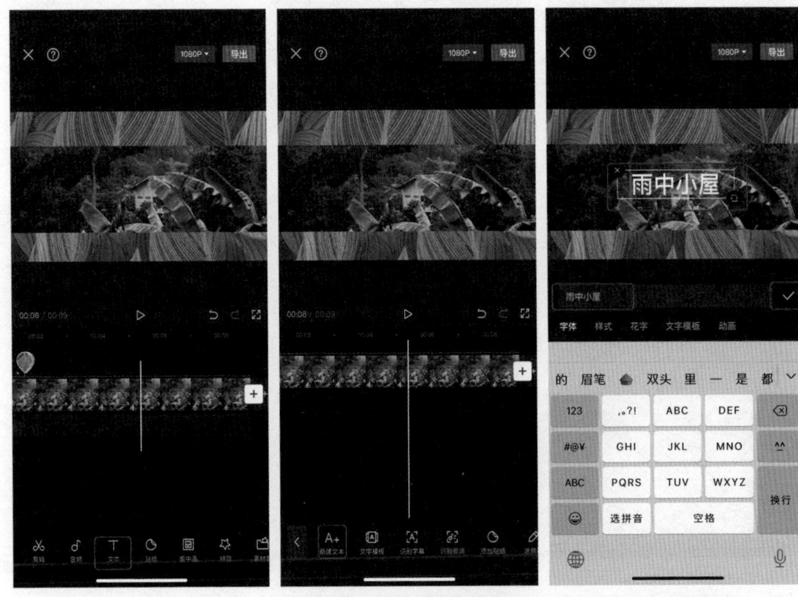

点击“文本”按钮　　点击“新建文本”按钮　　输入文字

选择“花字”，挑选一个比较适合的花字样式，然后点击“√”按钮。花字样式可使文字设计更好看，让视频内容更有氛围。然后把新建的文本移到最上方的壁纸图层上。

选择花字样式

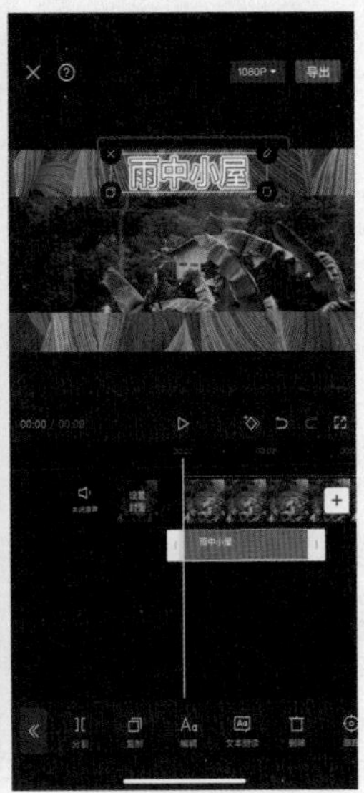

移动文本

如果想让新建文本的时长和整个视频时长一样，就要手动把新建文本的开头和结尾都拉至和视频的开头和结尾对齐。

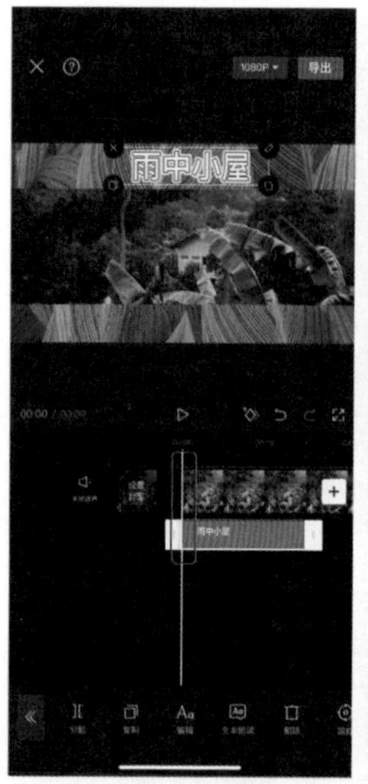

调整文本时长

保证文本时长和视频时长一致

在上方的壁纸图层中添加文本之后，还可以在下方的壁纸图层中添加描述画面主题的文本。先点击左下角的“<<”按钮，返回上一级工具栏，然后点击“新建文本”按钮，在文本框中输入“绿色主题”，选择一个想要的花字样式后，点击“√”按钮。

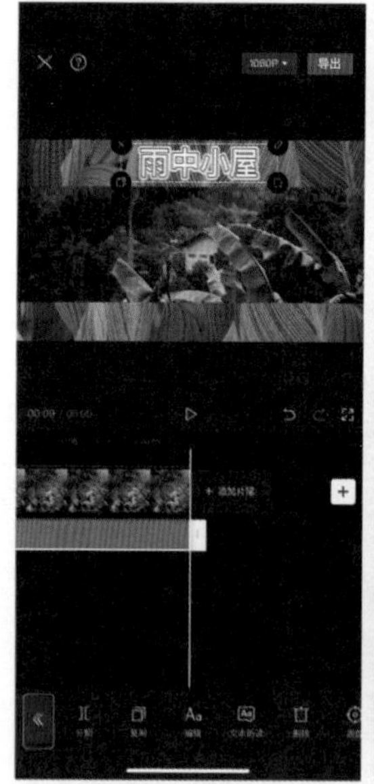

点击“<<”按钮，返回上一级工具栏

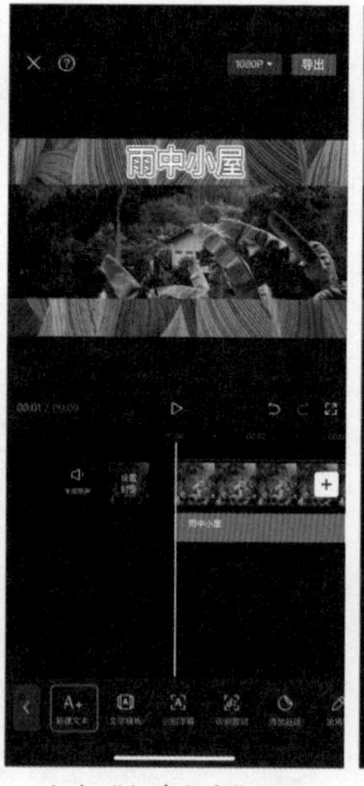

点击“新建文本”按钮

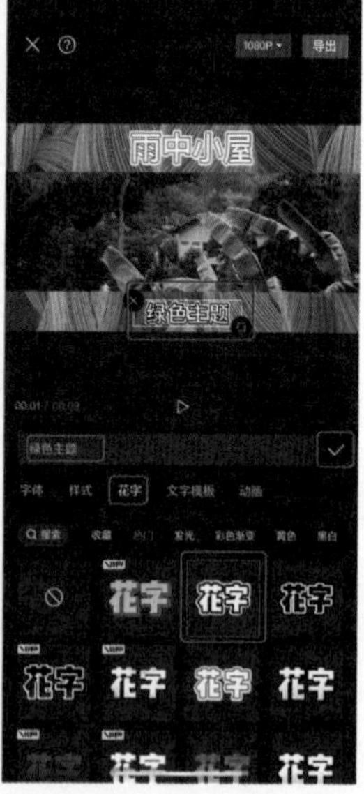

输入文字并选择花字样式

同样，如果想让主题文字完整地显示在整个视频中，也要把文本时长拉到跟视频时长一样，这样文本才能从头到尾都得到展示。

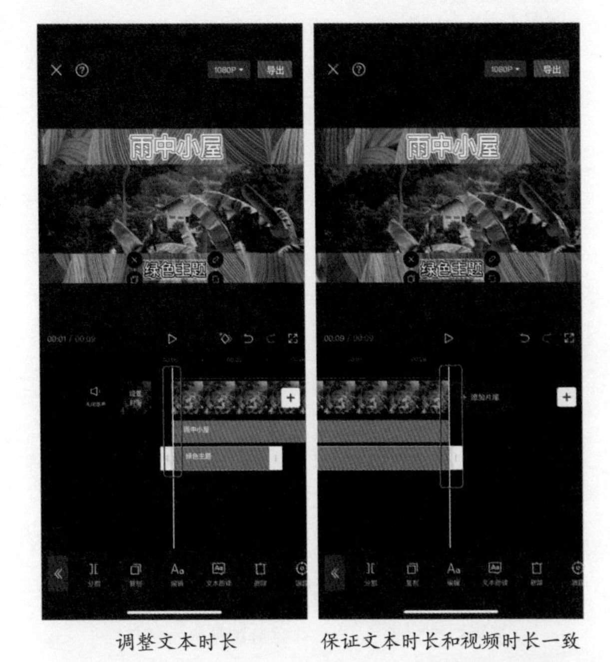

调整文本时长　　保证文本时长和视频时长一致

这时整个视频就已经做得差不多了，如果觉得只有壁纸和文字太单一，也可以添加一些动态的贴纸，让作品更有氛围。点击“添加贴纸”按钮，可以看到很多动态贴纸，这里选择一个西瓜的动态贴纸，并把它移动到合适的位置上，完成后点击“√”按钮。

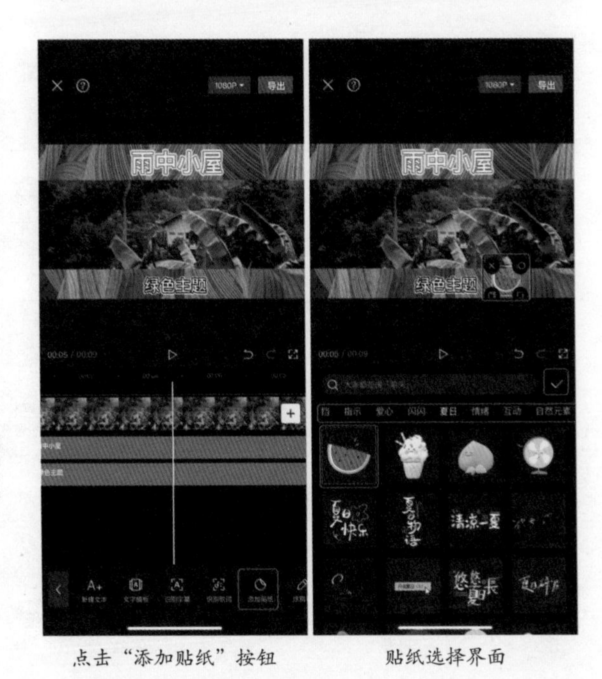

点击“添加贴纸”按钮　　贴纸选择界面

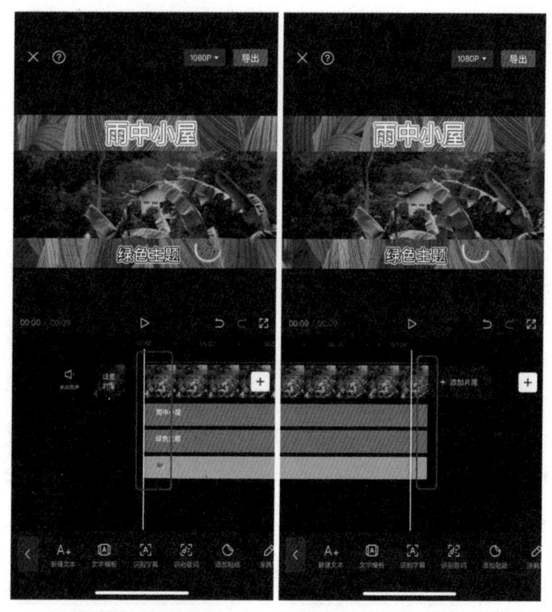

调整贴纸时长　　保持贴纸时长和视频时长一致

可以把“西瓜”贴纸的时长拉到和视频时长一样，让它从头到尾都显示。也可以用同样的方法在壁纸上多添加几个动态贴纸，让氛围感更强。

这样一来，画中画效果就基本制作完成了，接下来可以根据视频内容添加合适的音乐。

点击左下角的“<<”按钮，再点击“<”按钮，回到一级工具栏。

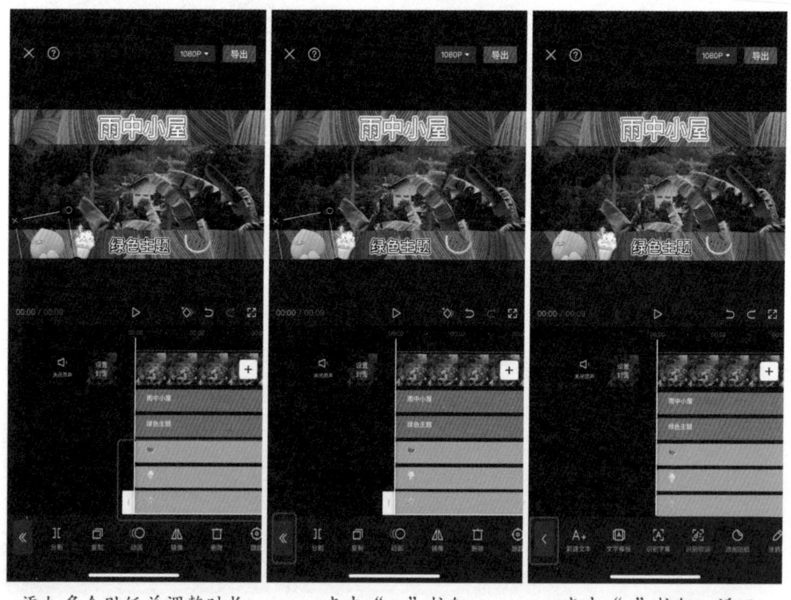

添加多个贴纸并调整时长　　点击“<<”按钮　　点击“<”按钮，返回一级工具栏

点击“音频”按钮，再点击“音乐”按钮，选择一首和短视频风格匹配的音乐作为背景音乐。

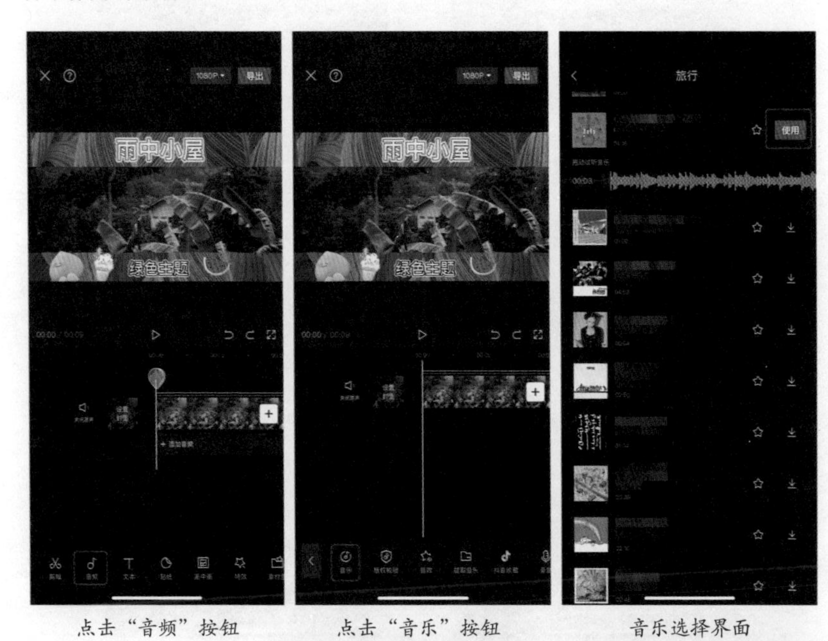

点击“音频”按钮　　点击“音乐”按钮　　音乐选择界面

这样一来，音乐就添加完成了，但是音乐比视频时间长，所以要把整个音乐时长缩短到跟视频时长一样，把音乐的首尾和视频的首尾对齐。

选中音频轨道

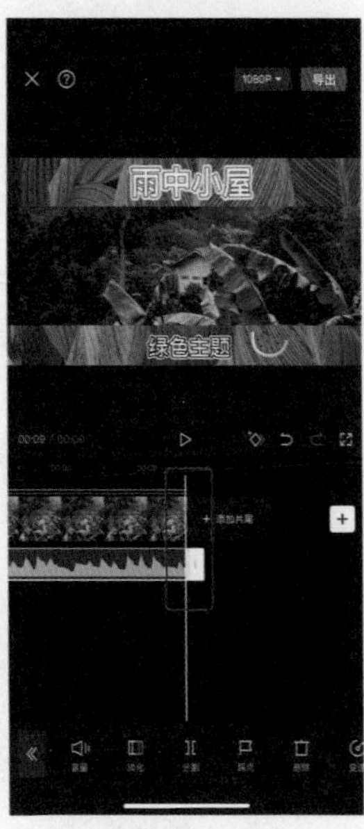

调整音乐时长

最后，点击右上角的“导出”按钮，导出后的视频会保存到手机相册中。

导出视频

视频导出界面

当然，壁纸、图片、文字内容、背景音乐，都应该跟短视频的内容有关。也就是说，只要学会制作方法即可，具体添加什么样的标题、图片、文字内容、背景音乐，就要根据视频内容确定。

4.5.4 添加特效、滤镜、比例和背景

前面已经介绍了剪映 App 的剪辑、音频、文字、贴纸、画中画等功能，接下来我们来看看剪映中的特效、滤镜、比例和背景功能应如何使用。

案例 1

打开剪映 App，点击“开始创作”按钮，选择一段视频素材，可以看到它是竖屏的。

点击“特效”按钮，可以选择“画面特效”和“人物特效”，此处选择“画面特效”，进入后有很多特效模板可供选择，如“热门”“基础”“氛围”“动感”“DV”“潮酷”等。

点击“开始创作”按钮

素材选择界面

剪辑界面

点击“特效”按钮

特效菜单栏

特效选择界面

这里选择“水光影”特效，完成后点击“√”按钮。然后把“水光影”特效时长拉到跟视频时长一样。

选择特效　　调整特效时长　　保证特效时长和视频时长一致

如果这个特效的效果不太好，可以点击“替换特效”按钮，重新选择一个喜欢的特效。还可以通过复制特效的方式，将特效的时长叠加到和视频时长一样。如果对这个特效不满意，也可以删除特效，然后再添加一个其他特效。

点击“替换特效”按钮　　点击“复制”按钮　　点击“删除”按钮

特效是给视频做特殊效果的工具，利用它可以增加画面的纹理、光感、开场效果、转场效果等。

接下来点击左下角的“<<”按钮，再点击“<”按钮，返回一级工具栏。

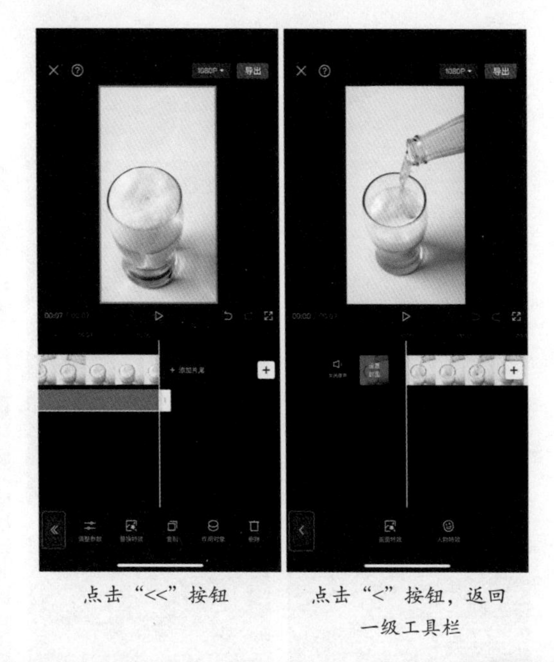

点击“<<”按钮　　　点击“<”按钮，返回一级工具栏

我们也可以给视频添加滤镜，点击“滤镜”按钮，可以看到“精选”“影视级”“人像”“风景”“复古胶片”“美食”等滤镜分类。此处选择“风景”中的“暮色”滤镜，点击右下角的“√”按钮。滤镜选完后可以对滤镜做细节的调整，包括亮度、对比度、饱和度、光感、锐化等。

点击“滤镜”按钮

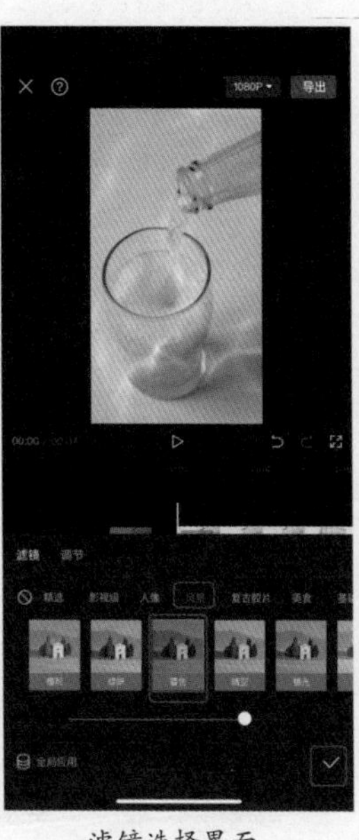

滤镜选择界面

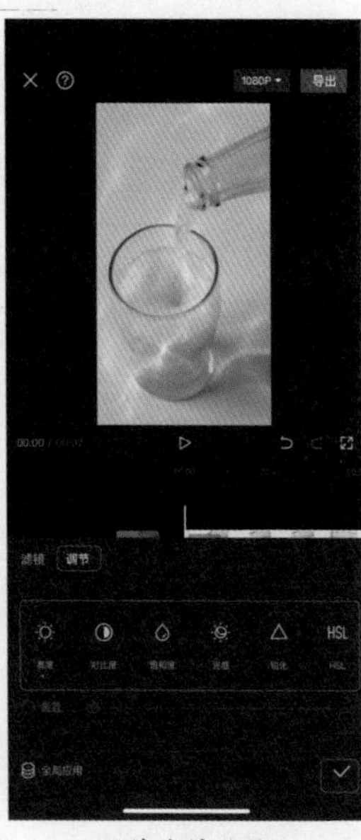

调节滤镜效果

退回到初始界面后，点击“比例”按钮，可以看到不同的比例选项，可以根据视频的比例需求进行选择，没有画面的地方会被自动填充为黑色。这里选择“16∶9”的横屏比例，然后点击左下角的“<”按钮，返回一级工具栏。

点击“比例”按钮

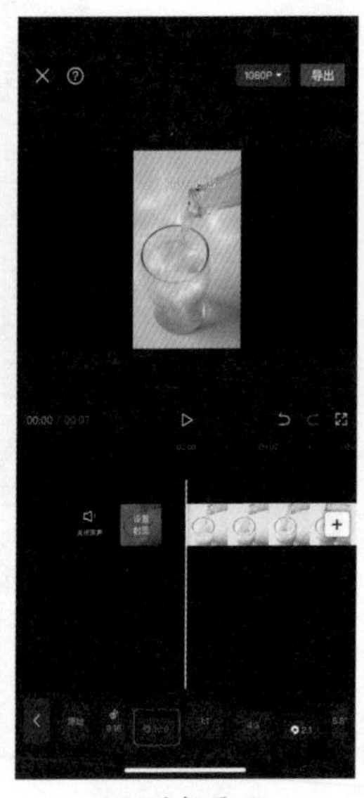

比例选择界面

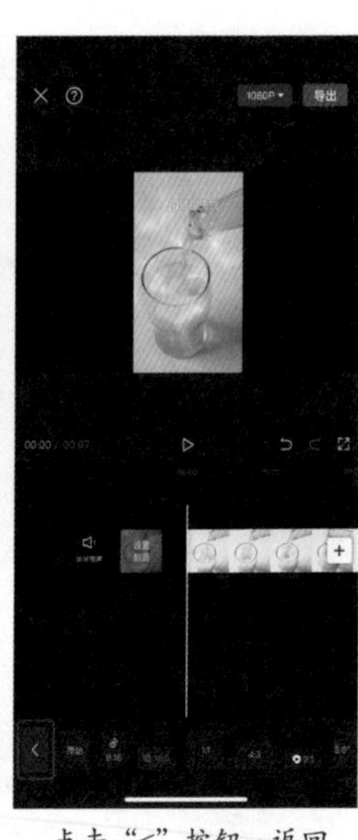

点击“<”按钮，返回一级工具栏

比例设置完成之后，可以看到画面左右两侧的黑色不够美观，这时可以使用“背景”工具为其填充想要的颜色，或者使用“文字”工具在黑色的部分添加想要的文字。

点击“背景”按钮，会出现三个按钮，分别是“画布颜色”“画布样式”“画布模糊”。点击“画布颜色”按钮，可以在其中选择一个纯色的背景，完成后点击“√”按钮。

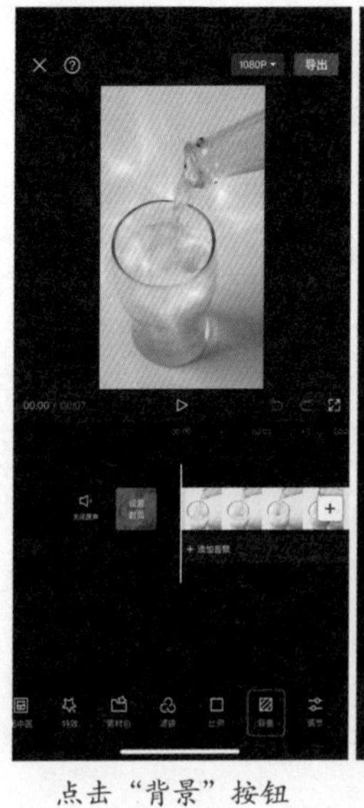

点击“背景”按钮

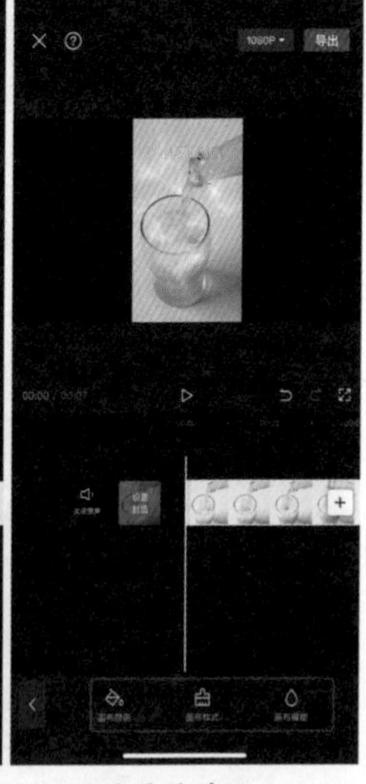

背景菜单栏

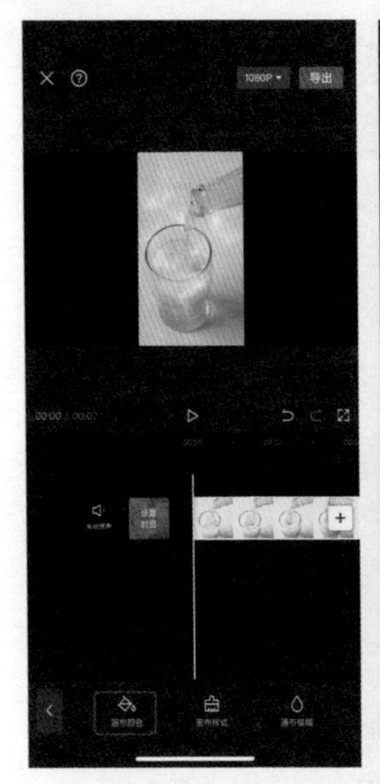

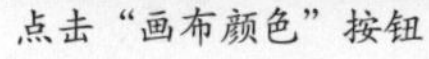
点击“画布颜色”按钮

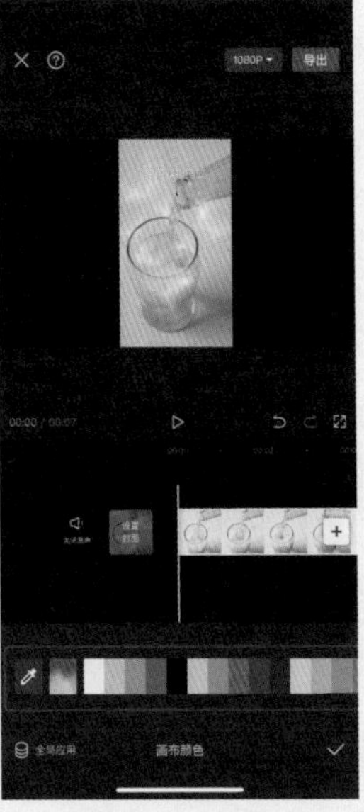

画布颜色选择界面

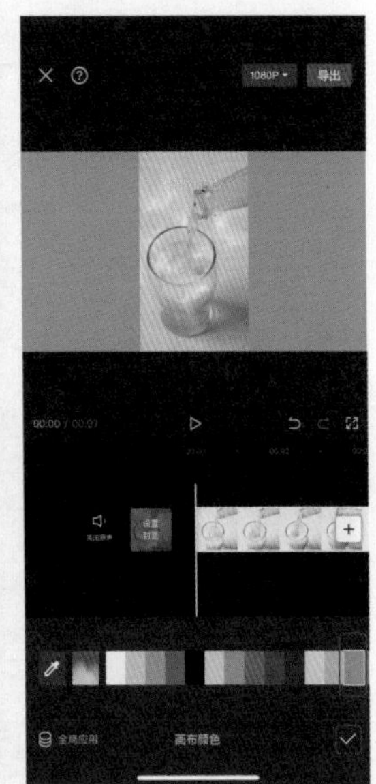

点击“√”按钮，添加背景

如果没有喜欢的纯色背景，也可以点击“画布样式”按钮，选择一个画布样式，完成后点击“√”按钮。

点击“画布样式”按钮

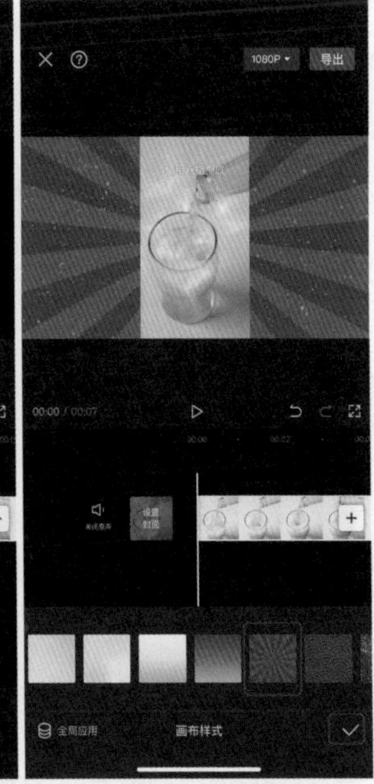

画布样式选择界面

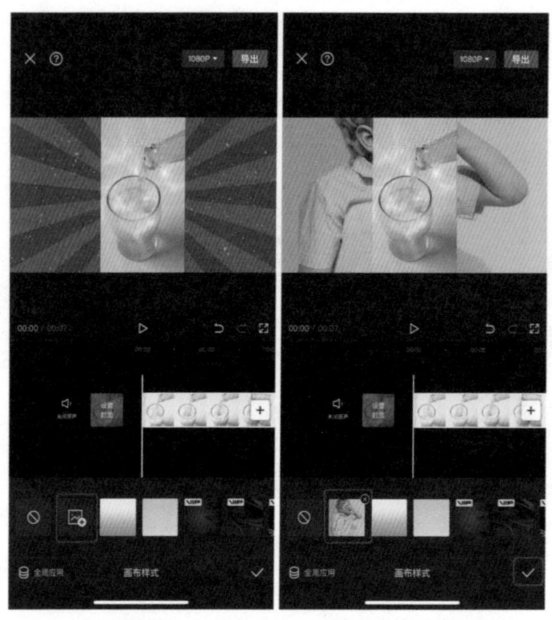

点击![icon]图标　　添加手机相册中的图片

如果还是没有喜欢的画布，还可以点击画布样式选择界面中的▣图标，在手机相册中选择一张喜欢的背景图片，完成后点击“√”按钮。

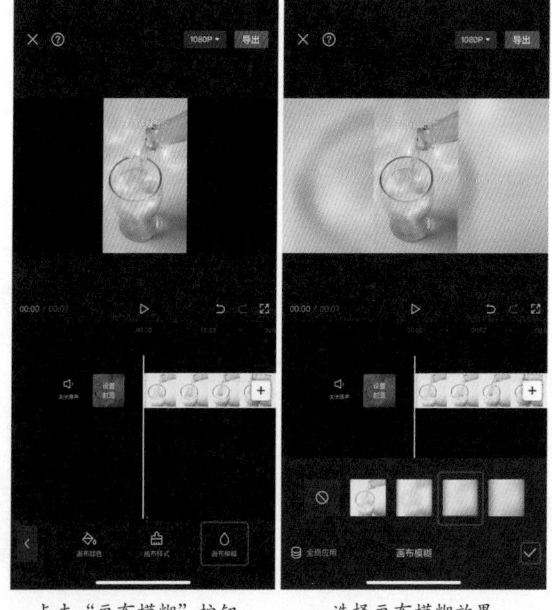

点击“画布模糊”按钮　　选择画布模糊效果

点击“画布模糊”按钮，可以给视频添加不同模糊度的背景，这个背景和视频本身是一样的。

返回一级工具栏，点击“调节”|“新增调节”按钮，可以调节背景的参数，这些参数的作用和滤镜中的调节功能一样。

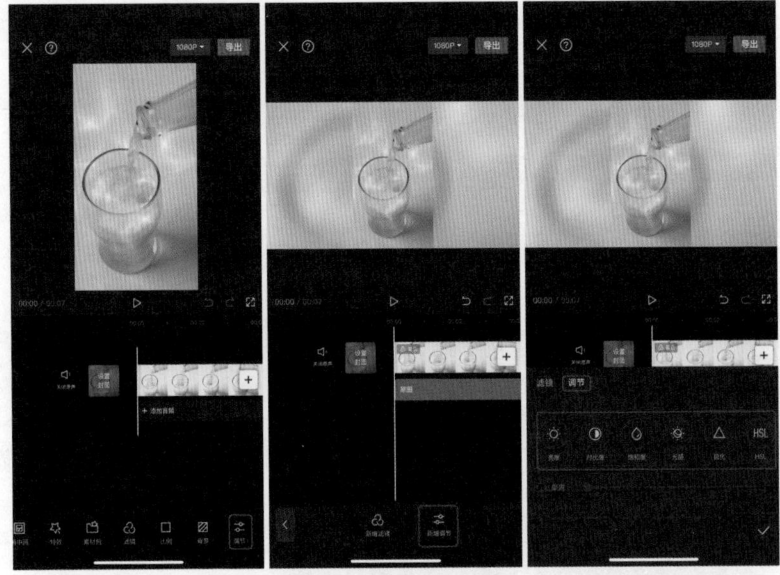

点击“调节”按钮　　点击“新增调节”按钮　　背景调节参数界面

案例 2

打开剪映 App，点击“开始创作”按钮，导入一个横屏的视频。

点击“开始创作”按钮　　导入横屏视频素材

点击“比例”

按钮，选择比较常见的“9：16”的竖屏比例，再点击“<”按钮。电影剪辑或电影配音的内容使用横屏效果更好。

点击“背景”按钮，再点击“画布颜色”按钮，在画布颜色选择界面选择一个背景效果，把视频上方和下方的黑色部分填充为和视频整体色调一样的背景色，然后点击“√”按钮。

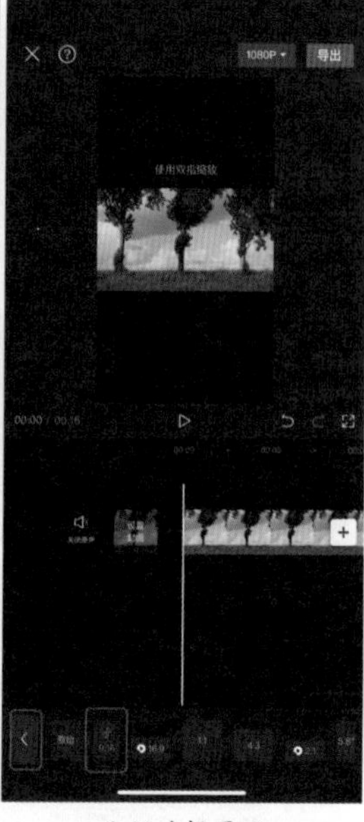

点击“比例”按钮　　比例选择界面

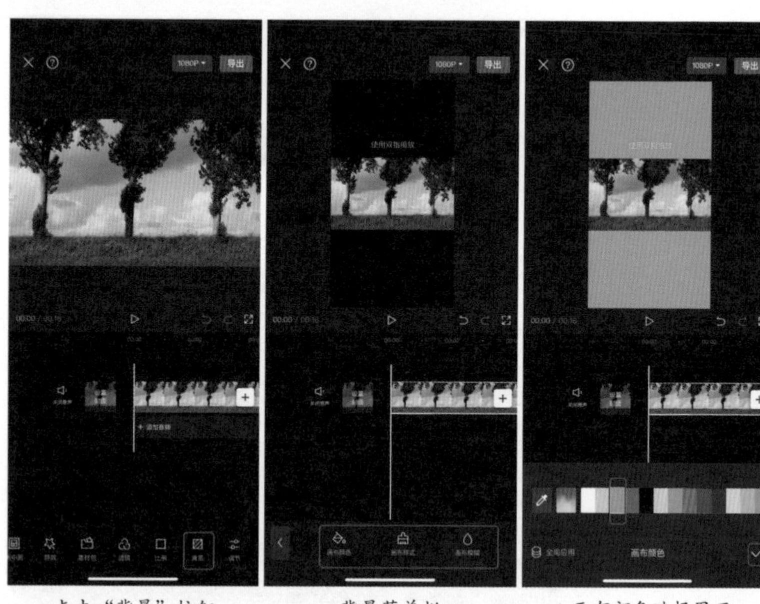

点击“背景”按钮　　背景菜单栏　　画布颜色选择界面

点击“特效”按钮，给视频添加一些特效。这里选择“发光”特效，然后点击“√”按钮。

结合在前面的章节学习到的内容，给视频添加特效、文字和贴纸等，就可以完成短视频制作了。

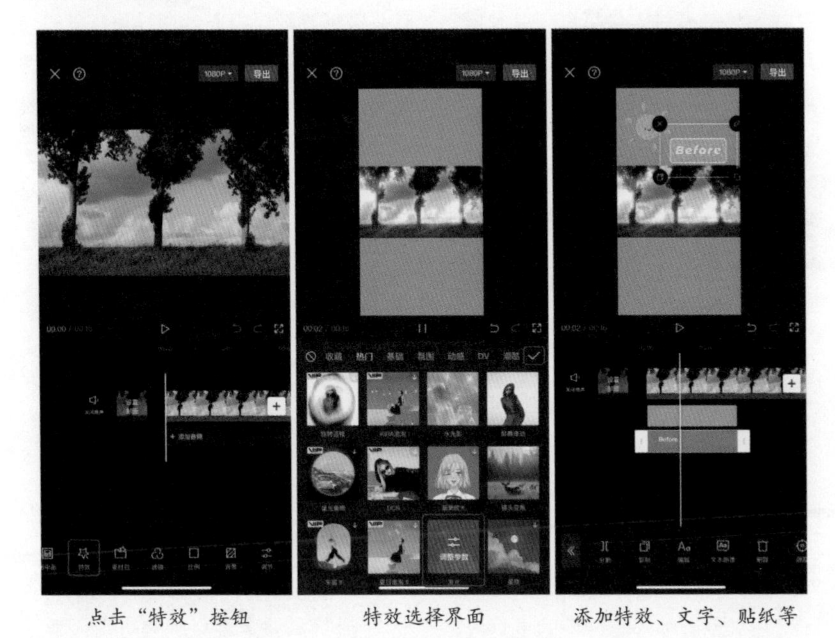

点击“特效”按钮　　　　特效选择界面　　　　添加特效、文字、贴纸等

在线学习更多系统视频和图文课程

如果读者对人像摄影、风光摄影、商业摄影及数码摄影后期（包括软件应用、调色与影调原理、修图实战等）处理等知识有进一步的学习需求，可以关注作者的百度百家号学习系统的视频和图文课程，也可添加作者微信（微信号381153438）进行沟通和交流，学习更多的知识！

百度搜索“摄影师郑志强 百家号”，之后点击“摄影师郑志强”的百度百家号链接，进入“摄影师郑志强”的主页。

在“摄影师郑志强”的主页内，点击“专栏”，进入专栏列表可深入学习更多视频和图文课程。